高等教育"十三五"规划教材·机电系列
装备制造行业自主创新推荐教材

冲压工艺与模具设计
项目化教程

肖亚慧　于　辉　刘亚磊　李文韬　编著

U0350648

北京交通大学出版社
·北京·

内容简介

本书结合作者多年来从事冲压模具设计工作的经验与多轮项目化教学的心得与体会,按照"项目导向"和"任务驱动"的理念编写。本书主要包括连接片落料模具设计,支架落料、冲孔复合模具设计,压簧夹片弯曲模具设计,桶盖落料、拉深复合模具设计,垫环翻孔模具设计,外壳冲压工艺规程的编制 6 个项目。每个项目都是以企业的真实产品为载体,都有一个完整的设计工作过程。本书注重理论与实践、知识与技能的结合,充分体现了"做中学,学中做"的职业教学特色,具有较强的实用性和指导性,能够帮助读者较全面地掌握冲压模具设计的基本原理和一般过程。

本书可作为高职高专模具设计与制造专业及机械类相关专业的教材,也可作为相关工程技术人员的参考书,还可供自学者参考。

图书在版编目(CIP)数据

冲压工艺与模具设计项目化教程 / 肖亚慧等编著. —北京:北京交通大学出版社,2017.5

ISBN 978 - 7 - 5121 - 3150 - 7

Ⅰ.①冲… Ⅱ.①肖… Ⅲ.①冲压-生产工艺-高等学校-教材 ②冲模-设计-高等学校-教材 Ⅳ.①TG38

中国版本图书馆 CIP 数据核字(2017)第 019871 号

冲压工艺与模具设计项目化教程
CHONGYA GONGYI YU MUJU SHEJI XIANGMUHUA JIAOCHENG

策划编辑:刘　辉
责任编辑:刘　辉
出版发行:北京交通大学出版社　　　电话:010 - 51686414　　　http://www.bjtup.com.cn
地　　址:北京市海淀区高梁桥斜街 44 号　　邮编:100044
印 刷 者:北京鑫海金澳胶印有限公司
经　　销:全国新华书店
开　　本:185 mm×260 mm　　　印张:14.5　　字数:357 千字
版　　次:2017 年 5 月第 1 版　　2017 年 5 月第 1 次印刷
书　　号:ISBN 978-7-5121-3150-7/TG · 46
印　　数:1～1500 册　　定价:36.00 元

本书如有质量问题,请向北京交通大学出版社质监组反映。对您的意见和批评,我们表示欢迎和感谢。
投诉电话:010 - 51686043,51686008;传真:010 - 62225406;E-mail:press@ bjtu.edu.cn。

前　　言

为更好地满足高等职业教育教学改革与发展的需要，更好地培养适合企业需求的高技能模具人才，编者结合多年的冲压模具设计经验，整理、总结了相关教学资料，采用项目驱动模式，编写了本书。

本书的特点如下。

(1) 全书以模具设计的典型工作过程为编写主线，以来自企业实际的典型冲压产品为载体，以完成特定的模具设计为任务，实施项目训练。本书共分 6 个教学项目，每个项目都有一个完整的实际工作过程。在每个项目中设置了项目任务、知识链接、项目实施、技能拓展等内容，将理论教学和技能培养融为一体，使学生在不断完成项目任务的过程中，专业能力逐渐提升，知识掌握越来越全面。

(2) 在编写时，注重高职高专教育"以够用为度，重在应用、技能培养"的教学特点。"知识链接"只链接学生完成任务时必需的理论知识，尽量减少理论叙述的篇幅；"项目实施"只是完成"项目任务"的一个演示，让学生在示范引导下完成项目任务；"拓展"是对与工作任务相关的模具知识与技能进行适当的补充，从而使学生可以举一反三，掌握各类模具的基本设计方法。

(3) 书中模具结构和尺寸参数的设计大多依据模具企业的设计规范，书中大多数图例来源于编者多年模具设计的作品和一些大型模具企业的产品。这种编写思路和方式大大简化了冲压模具知识的学习难度，同时增强了趣味性、生动性和实用性。

本书由吉林电子信息职业技术学院肖亚慧、于辉，北京交通职业技术学院刘亚磊，吉林电子信息职业技术学院李文韬编著；由肖亚慧负责全书的统稿和整理。本书在编写过程中得到了编者所在单位及一些企业的大力支持和帮助，在此表示衷心的感谢。

由于编者水平有限，书中难免有疏漏和不妥之处，恳请广大读者批评指正。

肖亚慧

2016 年 12 月

目　　录

绪　论

冲压加工是指在压力机上通过模具对板料金属（或非金属）加压，使其产生分离或塑性变形，从而得到具有一定形状、尺寸和性能要求的零件的加工方法。冲压加工主要在室温下进行，因此也称冷冲压。

冲压工艺是指冲压加工的具体方法和技术经验，冲压模具是指冲压加工时所使用的工艺装备，简称冲模。一个冲压零件往往需要多副模具才能加工成形。合理的冲压工艺、先进的冲压模具、高效的冲压设备是保证冲压件质量必不可少的三要素。

1. 冲压加工的特点及应用

冲压加工是一种先进的金属加工方法，与其他加工方法相比具有以下优点。

（1）可以获得其他加工方法不能或难以加工的形状复杂的零件，如汽车覆盖件、车门等。

（2）由于零件的尺寸精度主要由模具保证，所以，加工的零件质量稳定，具有"一模一样"的特征，互换性好。

（3）可实现少、无切削加工，节约原材料，生产成本低。

（4）生产效率高，操作简单，易于实现生产自动化。

由于上述特点，冲压加工在国民经济各个领域得到了广泛的应用，尤其在汽车、拖拉机、电器、仪表、航空及日用工业等部门，冲压加工占有极其重要的地位。

2. 冲压工艺的分类

冲压工艺按变形性质可分为分离工序和成形工序两大类。分离工序是被加工材料在外力作用下按一定的轮廓线发生分离，从而获得具有一定形状和尺寸的零件。常见分离工序如表0-1所示，其中最常见的是落料与冲孔。成形工序是被加工材料在外力作用下发生塑性变形，从而得到具有一定形状和尺寸的零件。常见成形工序如表0-2所示，其中最常见的是弯曲与拉深。

表0-1　常见分离工序

工序名称	简　图	特点及应用
落料	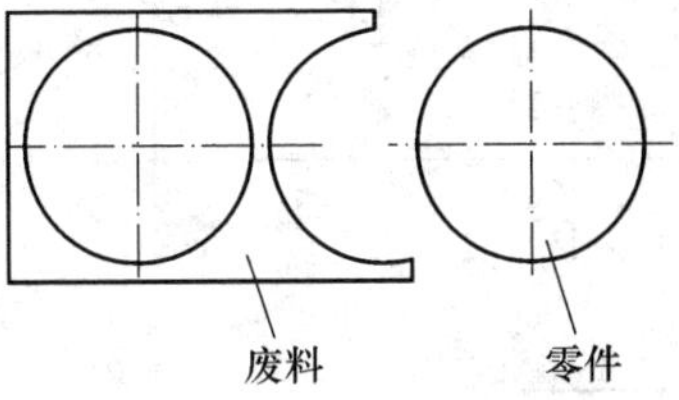 废料　　零件	用冲模沿封闭轮廓线冲切，冲下部分是零件。用于制造各种形状的平板零件或为其他工序制造毛坯

续表

工序名称	简　图	特点及应用
冲孔	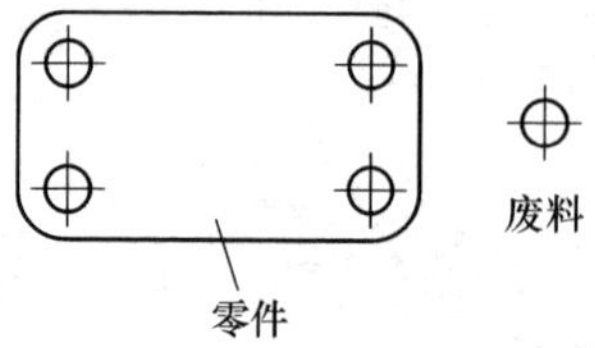 废料 零件	用冲模沿封闭轮廓线冲切，冲下部分是废料
切边	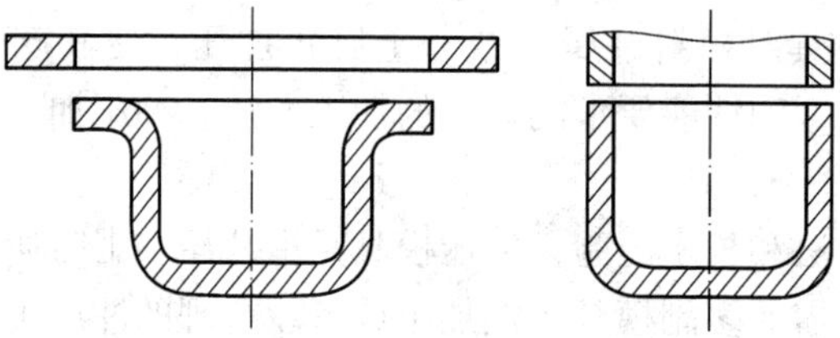	将成形零件的边缘修切整齐或切成一定形状
剖切	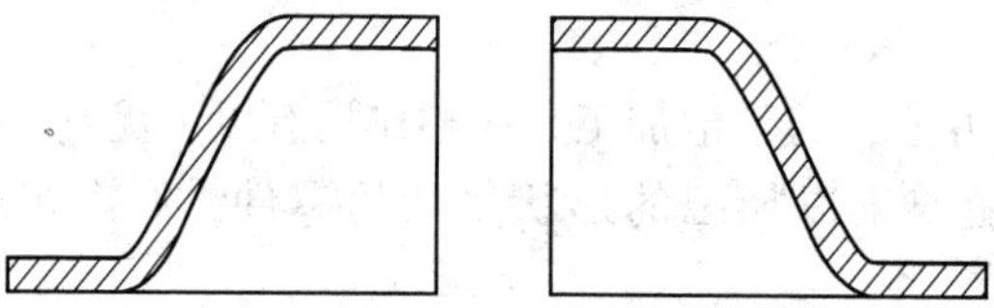	把工序件切成两个或几个冲件，便于成对冲压
切断	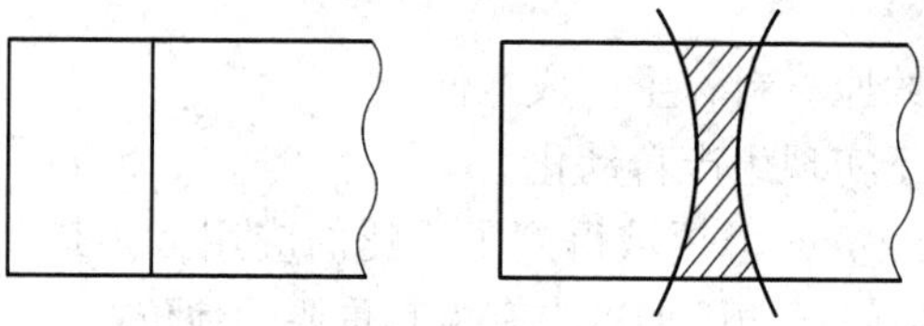	用剪刀或冲模将材料沿不封闭轮廓线切断，多用于加工形状简单、精度较低的平板零件

表 0-2　常见成形工序

工序名称	简　图	特点及应用
弯曲	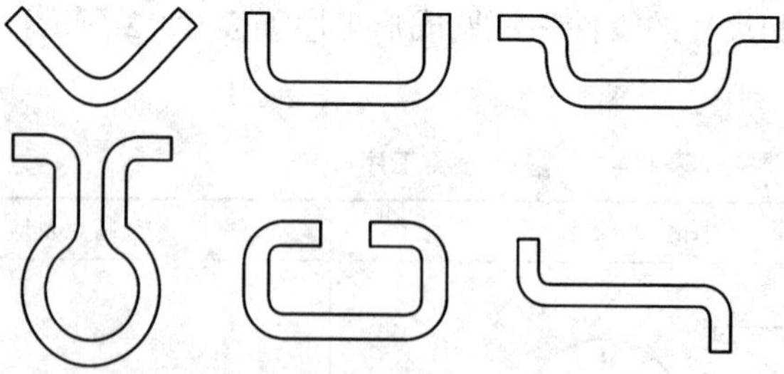	将板料沿直线弯成各种形状，可以加工出形状复杂的零件
卷圆	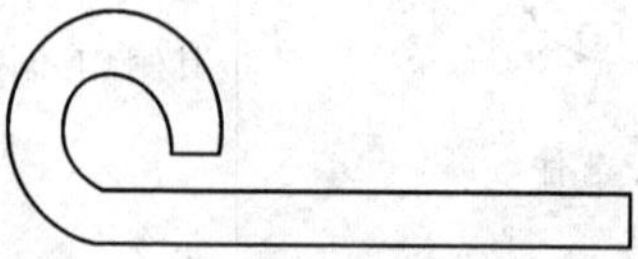	将板料端部卷成接近封闭的圆头，用于加工铰链类的零件

续表

工序名称	简 图	特点及应用
拉深		将平板毛坯冲压成开口空心零件或将开口空心零件进一步改变形状和尺寸
翻孔		将预先冲孔或未经冲孔的板料冲制成带有竖立边缘孔的形状
翻边		将工件的外边缘按曲线成形为竖立边缘
胀形		将空心件的一部分径向尺寸扩大，呈凸肚状。可获得异形空心件
扩口		将空心毛坯的口部径向尺寸扩大

工序名称	简　图	特点及应用
缩口		将空心毛坯的口部径向尺寸缩小
起伏		将板料局部胀形而形成凸起或凹陷。可压出加强筋、凸包、文字、花纹等
冷挤压		在室温下对金属坯料施加压力，使其产生塑性变形，金属从凹模孔或凸、凹模间隙中挤出，从而获得所需工件。可用来制造薄壁容器

3. 冲压常用材料

冲压件使用的材料通常取决于产品设计及其功能性的要求，同时，冲压材料还必须具有良好的冲压工艺性及一定的强度、刚度、冲击韧度等。

冲压常用材料有如下几种。

（1）黑色金属：普通碳素结构钢、优质碳素结构钢、合金结构钢、碳素工具钢、不锈钢等。

（2）有色金属：铜及铜合金、铝及铝合金、镁合金、钛合金等。

（3）非金属：纸板、胶木板、塑料板、纤维板、云母等。

冲压用材料的形状有各种规格的板料、带料和块料，最常用的是板料，常见规格有710 mm×1 420 mm 和 1 000 mm×2 000 mm 等。对于中小型冲压件，可将板料裁剪成条料后使用。带料（又称卷料）有各种规格的宽度，展开长度可达几千米，适合于大批量生产的自动送料。材料厚度小时也可以做成带料供应。块料只用于单件小批量生产和价格昂贵的有色金属的冲压。

板料按表面质量可分为 I （高质量表面）、II （较高质量表面）、III （一般质量表面）3 种；用于一般拉深的低碳薄钢板可分为 z （最深拉深）、s （深拉深）、p （普通拉深）

3 级；板料供应状态可分为 M（退火状态）、C（淬火状态）、Y（硬态）、Y_2（半硬、1/2 硬）等；板料有冷轧和热轧两种轧制状态。

关于各类材料的牌号、规格和性能，可查阅有关手册和标准。附录 A 给出了冲压常用金属材料的力学性能。

4. 冲压常用设备

冲压设备的选用是冲压工艺设计过程中的一项重要内容，必须根据冲压工序的性质、冲压力的大小、模具结构形式、模具几何尺寸及生产批量等因素结合企业现有的设备条件进行选用。

常见的冲压设备有机械压力机和液压机。机械压力机按驱动滑块机构的种类可分为曲柄式、摩擦式、肘杆式；按滑块个数可分为单动、双动、三动；按机身形式可分为开式、闭式；按自动化程度可分为普通压力机和高速压力机等。液压机按工作介质可分为油压机和水压机。下面介绍 3 种常用的冲压设备。

1）剪板机

剪板机常用于下料工序，即将尺寸较大的板料或成卷的带料按冲压下料卡上裁剪图和排样图的要求剪成所需尺寸的条料。剪板机分为平刃和斜刃两种，其中平刃剪板机应用较多。平刃剪板机是一种特殊形式的曲柄压力机，工作时，其上、下刀片的整个刀刃同时与板料接触，剪切质量较好，但工作时所需的剪切力较大。

剪板机的代号用 Q 表示，型号如 Q11 – 6 × 2000 剪板机，表示主电机功率为 11 kW，可剪最大板厚为 6 mm、可剪最大板宽为 2 000 mm。

2）曲柄压力机

（1）工作原理。曲柄压力机是冲压生产中应用最广泛的一种机械压力机，能完成各种冲压工序，如冲裁、弯曲、拉深、成形等。如图 0 – 1 所示为开式曲柄压力机的工作原理图。电动机（1）通过带传动（2）、齿轮传动（3）带动曲轴（5）转动，曲轴通过连杆（6）带动滑块（8）沿导轨做上下往复运动。而上模（12）固定在滑块上，下模（11）与工作垫板（10）固定在压力机工作台（9）上，故滑块将带动上模与下模作用，完成冲压工作。

滑块的运动与停止是通过脚踏与离合器（4）相连的操纵机构，实现运动的结合与脱离。当离合器脱离时，同时在制动器（7）的作用下，使曲轴停止在上死点位置。

（2）型号。曲柄压力机的型号用汉语拼音、英文字母和数字表示。如 JB23 – 63 压力机，含义如下：

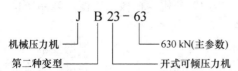

（3）技术参数。曲柄压力机的技术参数表示压力机的工艺性能和应用范围，是选用压力机和设计模具的主要依据。

① 公称压力（kN）：当滑块运动到距下死点前一定距离（公称压力行程）或曲柄旋转到下死点前某一角度（公称压

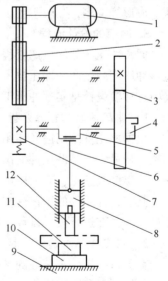

图 0 – 1　开式曲柄压力机工作原理

1—电动机；2—带传动；3—齿轮传动；
4—离合器；5—曲轴；6—连杆；
7—制动器；8—滑块；9—工作台；
10—工作垫板；11—下模；12—上模

力角）时，滑块上允许的最大工作压力。

② 滑块行程：滑块从上死点运动到下死点所走过的距离。它的大小和压力机的工艺用途有很大关系。

③ 滑块行程次数：滑块空载时每分钟上下往复运动的次数。有负荷时的实际行程次数小于空载次数。它的大小决定生产率的高低。

④ 装模高度：滑块处于下死点位置时，滑块下表面到工作垫板上表面的距离。当装模高度调节装置将滑块调整到最上位置（即连杆调至最短）时，装模高度达到最大；将滑块调整到最下位置（即连杆调至最长）时，装模高度达到最小。模具闭合高度应小于压力机的最大装模高度，大于压力机的最小装模高度。

装模高度调节装置所能调节的距离，称为装模高度调节量。

⑤ 封闭高度：滑块处于下死点位置时，滑块下表面到工作台上表面的距离，它和装模高度之差即为工作垫板的厚度。没有工作垫板的压力机，其封闭高度等于装模高度。

⑥ 工作台面尺寸和滑块底面尺寸：这些尺寸与模具外形尺寸及模具安装方法有关。

⑦ 模柄孔尺寸：确定冲模模柄尺寸的大小。

⑧ 工作台孔的尺寸：用于排除废料或安装弹顶装置。

附录 B 列出国产 J23 系列开式可倾压力机的主要技术规格，其他压力机的技术规格可参阅有关手册。

3）油压机

油压机是一种采用专用液压油作为工作介质，通过油压动力来完成冲压动作的。比较常见的是万能油压机，工作时，模具安装于活动横梁和工作台之间，电动机带动液压泵向液压缸输送高压油，推动活塞或柱塞带动活动横梁做上下往复运动，从而对模具加压。油压机工作行程较长，工作平稳，压力较大，但工作效率较低。在冲压生产中广泛应用于弯曲、拉深、成形等工序，一般不用于冲裁。

5. 冲模的设计流程

通常冲压产品的生产流程如下：（冲压）产品设计→冲压工艺设计→冲模设计→冲模制造→冲压产品生产。冲压技术工作包括冲压工艺设计、冲模设计、冲模制造 3 方面的内容，其中，冲模设计是实现冲压工艺的核心，下面介绍其设计流程及要点。

1）冲压件的工艺性分析

根据冲压件的用途及使用要求，分析是否满足冲压工艺要求。一般情况下，对冲压件工艺性影响最大的是冲压件的结构尺寸和精度要求，若发现冲压件的工艺性不好，则应向设计部门提出修改意见，对冲压件的零件图做出适合冲压工艺性的修改。

其实，冲压件的工艺性在冲压工艺设计阶段已经由冲压工艺员做过分析，但对于工装设计员来说，在进行模具设计之前还必须进一步加以分析、校核，以保证产品质量。

2）确定冲压工艺方案和模具类型、结构

在分析冲压件工艺性的基础上，拟订出几套可行的工艺方案。根据技术上可靠、经济上合理的原则对各方案进行分析、比较，从而选出最佳的工艺方案，并尽可能地进行优化。对于较复杂的冲压件，冲压工艺方案的确定已在冲压工艺设计阶段完成，模具设计人员加以校核即可。

模具的类型选择是指采用单工序模、复合模还是级进模，这主要取决于冲压件的生产批量。一般来说，小批量和试制生产采用单工序模；中、大批量生产采用复合模或级进模。

模具的结构选择主要是指模具采用凹模在下的正装结构还是凹模在上的倒装结构，还包括模架及导向方式、毛坯定位方式、卸料、压料、出料方式的选择等。

3）进行必要的工艺计算及相关选择

这是模具设计的核心部分，主要包括排样设计、冲压力的计算及压力机的选择、冲裁间隙及凸、凹模工作尺寸的确定等。在各项目中将分别对相应的工艺计算及相关选择加以介绍。

4）主要零件设计与选择

模具主要零件是指工作零件、定位零件、卸料零件及连接固定零件等，有关设计与选择的内容包括零件的结构形式、结构尺寸、固定方法、材料选用、技术要求等，在设计时还要考虑到零部件的加工工艺性和装配工艺性。

5）校核模具闭合高度，验算已选的压力机

模具闭合高度必须在所选模架闭合高度范围内。除此之外，模具闭合高度、总体尺寸等也都必须与所选用的压力机相适应。

6）绘制模具装配图

装配图应能清楚地表达各零件之间的相互关系，应有足够说明模具结构的投影图及必要的断面图、剖视图等。还应注明必要的尺寸，画出工序图，填写标题栏及明细表，提出技术要求等。有落料工序的，还应画出排样图。

7）绘制模具零件图

按已绘制好的模具装配图拆绘零件图。零件图上应注明详细的尺寸及公差，表面粗糙度、材料及热处理、技术要求等。零件图应尽量按该零件在模具装配图中的装配方位画出。模具中的非标准件均需绘制零件图，有些标准件（如上、下模座）需补加工的部位太多时，也应画出零件图。

8）进行必要的强度、刚度校核

对模具薄弱部位进行必要的强度、刚度校核，不合适时，应给予修改或加强。

9）校对、审核

校对、审核并进行必要的修改。

10）出图复印

完成设计、制图、校对和审核签字后，可进行出图复印。

6. 冲模设计中应当注意的几个问题

（1）设计时应尽量选用工厂现有的冲模零部件（如通用模架等）及设备上的附件（弹顶器、卸料装置、自动化送料机构等）。

（2）应尽量选用国家标准件及工厂冲模标准件，使模具设计典型化及制造简单化。

（3）固定螺钉最好选用内六角螺钉，拧入模体深度按机械零件规定标准勿太深。例如，拧入铸铁件深度是螺钉直径的 2～2.5 倍，拧入一般钢件深度是螺钉直径的 1.5～2 倍。

（4）定位销钉最好选用圆柱销，其直径近似螺钉直径，不要太细，每个件上只需两个销钉，其长度勿太长，可参考制图标准，进入模体长度是直径的 2～2.5 倍即可。

（5）冲模工作时易形成封闭空间的部位应做排气孔。如拉深件的凸模、导套孔与上模板间。

（6）设计拉深模时，所选设备的行程应是拉深深度的 2～2.5 倍。

连接片落料模具设计

项目目标：

- 了解冲裁变形的基本过程及断面特征。
- 掌握单工序冲裁模具的典型结构及零部件结构。
- 了解冲裁模具的设计流程。
- 能合理分析冲裁件的工艺性。
- 能合理确定冲裁间隙、压力中心，准确计算凸、凹模刃口尺寸。
- 能合理选择压力机、模具结构零件及标准件。
- 能合理选择冲裁模零件的材料，确定技术要求等。
- 能进行简单的单工序冲裁模具设计。

1.1 项目任务

本项目的载体是连接片，这是一个典型的冲压制件，图 1-1 所示为其第一道冲压工序落料的工序图，要求学生完成其落料模具设计工作。连接片的材料为 08 号钢，料厚为 1.0 mm，中批量生产。制件结构比较简单，便于初学者掌握冲裁的基本知识，为后续的学习打下基础。

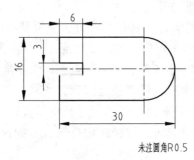

未注圆角 R0.5

图 1-1　连接片工序图

本项目任务要求如下：

(1) 能合理分析连接片的工艺性。

(2) 能合理确定模具结构、准确进行工艺计算、选择冲压设备及标准件等。

(3) 能准确、完整、清晰地绘制出连接片落料模具装配图。

(4) 根据模具装配图拆绘零件图，合理选择冲裁模零件的材料、确定技术要求等。

(5) 编写整理设计说明书。

1.2　冲裁基础知识链接

分离工序通常称为冲裁。冲裁时所使用的模具称为冲裁模。冲裁工艺的种类很多，常用的有落料、冲孔、切边、切断、切口等，其中，落料和冲孔应用最多。

1.2.1　冲裁变形过程分析

1. 冲裁变形过程

在冲裁过程中，凸、凹模组成上、下刃口，在压力机作用下，上模逐渐下降，接触被冲压材料并对其施压，使材料发生变形直至分离。当凸、凹模间隙（用 Z 表示）正常时，冲裁变形过程大致可分为 3 个阶段，如图 1-2 所示。

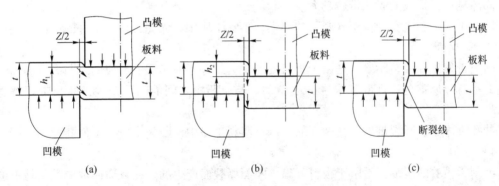

图 1-2　冲裁变形过程

1) 弹性变形阶段

如图 1-2 (a) 所示，当凸模接触板料并下压时，凸、凹模刃口开始压入板料中，刃口周围的材料由于应力集中而产生变形。随着凸模的继续压入，当压入深度达到 h_1 时，材料内应力达到弹性极限。此时，若卸除凸模压力，材料能够恢复原状，不产生永久变形，这就是弹性变形阶段。

2) 塑性变形阶段

如图 1-2 (b) 所示，随着凸模的继续压入，材料内应力达到屈服极限，材料将在凸、凹模的接触处产生塑性剪切变形，凸模切入板料，板料将被挤入凹模。板料剪切面的边缘，在应力作用下形成塌角，同时，由于塑性剪切变形，在剪切断面上将形成一小段光亮且与板面垂直的直边。随着材料内应力的增大，塑性变形程度也随之增大，变形区的材料硬化加剧，当压入深度达到 h_2 时，材料内应力将达到强度极限，塑性变形结束。

3) 断裂阶段

如图 1 - 2 （c）所示，随着凸模的继续下压，材料的内应力达到强度极限后，在与凸、凹模的接触处，板料产生微小裂纹并不断扩展。当凸、凹模之间具有合理间隙时，上、下裂纹能够汇合，板料顺利发生分离。

凸模继续下压，将分离的材料从板料中推出，完成冲裁过程。

2. 冲裁件断面特征

在正常冲裁工作条件下，冲裁件断面特征如图 1 - 3 所示，它具有如下 4 个特征区。

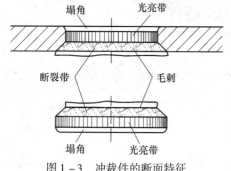

图 1 - 3 冲裁件的断面特征

1) 塌角（圆角）区

塌角（圆角）区发生在弹性变形阶段，当凸、凹模刃口刚压入板料时，刃口附近的材料由于受弯曲、拉伸作用，材料被带进模具间隙而形成塌角。板料的塑性越好，凸、凹模之间的间隙越大，形成的塌角就越大。

冲孔工序中，塌角位于孔断面的小端；落料工序中，塌角位于工件断面的大端。

2) 光亮带

光亮带发生在塑性变形阶段，当凸、凹模刃口切入板料后，板料由于塑性剪切变形而形成光亮垂直的断面。板料的塑性越好，凸、凹模之间的间隙越小，形成的光亮带就越大。

冲孔工序中，光亮带位于孔断面的小端；落料工序中，光亮带位于工件断面的大端。

3) 断裂带

断裂带发生在断裂阶段，是由于刃口处产生裂纹并不断扩展而形成的。断裂带表面比较粗糙，具有金属本色，且带有 4° ~ 6° 的斜角。凸、凹模之间的间隙越大，断裂带就越宽且斜角越大。

冲孔工序中，断裂带位于孔断面的大端；落料工序中，断裂带位于工件断面的小端。

4) 毛刺

毛刺紧挨着断裂带，是由于板料分离、断面撕裂而产生的。在普通冲裁中毛刺是不可避免的。

在以上 4 个特征区中，光亮带剪切面的质量最佳，它是制件测量和使用的基准。影响冲裁件断面质量的因素很多，主要有材料性能、材料厚度、冲裁间隙、模具刃口状态等，其中，影响最大的因素是凸、凹模之间的冲裁间隙。

较高质量的冲裁件断面特征如下：断面塌角较小，有正常的光亮带，占整个断面高度的 1/3 ~ 1/2，断裂带虽然粗糙，但比较平坦，斜度小，毛刺也不明显。

一套冲裁模具通过设计、制造、装配结束之后，要通过试模（试冲几个零件）来检查模具刃口尺寸及间隙是否合理。以上较高质量的冲裁件断面特征便是检验冲裁间隙合理与否的主要依据。

1.2.2 冲裁件的工艺性

冲裁件的工艺性是指冲裁件对冲压工艺的适应性。良好的冲裁工艺性能降低成本、简化模具结构、提高模具寿命、稳定产品质量。

（1）冲裁件的形状应尽量简单、对称，力求达到合理排样，减少废料。

（2）冲裁件的外形或内孔应避免尖角。除了无废料排样或镶拼模具结构外，一般各直线或曲线的连接处，都应有适当的圆角转接，转接圆角半径 r 的最小值如表 1-1 所示。

表 1-1　冲裁件最小转接圆角半径 $r_{\min}$

转 接 圆 角	外 转 接 圆 角		内 转 接 圆 角	
	$\alpha \geqslant 90°$	$\alpha < 90°$	$\alpha \geqslant 90°$	$\alpha < 90°$
高碳钢、合金钢	$0.45t$	$0.70t$	$0.50t$	$0.90t$
低碳钢	$0.30t$	$0.50t$	$0.35t$	$0.60t$
黄铜、铝	$0.24t$	$0.35t$	$0.20t$	$0.45t$

注：表中 t——材料厚度，mm。

（3）冲裁件上凸起和凹槽的宽度不应过窄，一般情况下，应使最小宽度 $b \geqslant 1.5t$，如图 1-4（a）所示。对于高碳钢、合金钢等较硬材料允许值可增加 30%～50%，对于黄铜、铝等较软材料允许值可适当减少 20%～25%。

多孔冲裁时，冲裁件上孔与孔、孔与边缘的距离不应过小，一般情况下其值不应小于料厚 t 的 2 倍，即 $a \geqslant 2t$，且应保证 $a > 3\sim4$ mm，如图 1-4（b）所示。级进冲裁且精度要求不高时，a 可适当减小，但不应小于料厚 t。

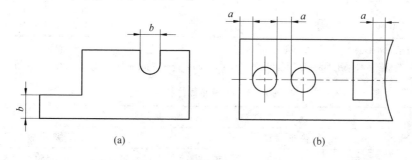

(a)　　　　　　　(b)

图 1-4　冲裁件凸起、凹槽、孔间距、孔边距尺寸要求

（4）冲孔的尺寸不能过小。冲孔最小尺寸与孔的形状、板料的力学性能及材料厚度有关，如表 1-2 和表 1-3 所示。

表 1-2　无护套凸模冲孔的最小尺寸

材　　料	圆孔直径 d	方孔边长 b	长方孔最小边长 b
硬钢	$d \geqslant 1.3t$	$b \geqslant 1.2t$	$b \geqslant 1.0t$
软钢、黄铜	$d \geqslant 1.0t$	$b \geqslant 0.9t$	$b \geqslant 0.8t$
铝	$d \geqslant 0.8t$	$b \geqslant 0.7t$	$b \geqslant 0.6t$
纸胶板	$d \geqslant 0.6t$	$b \geqslant 0.5t$	$b \geqslant 0.4t$

注：表中 t——材料厚度，mm。

表 1-3　带护套凸模冲孔的最小尺寸

材　　料	圆孔直径 d	长方孔最小边长 b
硬钢	$d \geqslant 0.5t$	$b \geqslant 0.4t$
软钢、黄铜	$d \geqslant 0.35t$	$b \geqslant 0.3t$
铝	$d \geqslant 0.3t$	$b \geqslant 0.28t$

注：表中 t——材料厚度，mm。

　　(5) 普通金属冲裁件的经济加工精度一般不高于 IT11 级，冲孔件比落料件高一级。冲裁件的外形与内孔能达到的尺寸公差也可参考表 1 – 4，孔距公差参考表 1 – 5。冲裁件未注尺寸精度一般按 IT14 级选用。

　　冲裁件的剪切断面比较粗糙，近似表面粗糙度值如表 1 – 6 所示。

　　若工件要求的精度及表面质量高于表值，则需在冲裁后进行修整或采用精密冲裁。

表 1 – 4　冲裁件外形与内孔尺寸公差　　　　　　　　　　　　　　　单位：mm

料厚 t/mm	工　件　尺　寸							
	一般精度工件				较高精度工件			
	≤10	10 ~ 50	50 ~ 150	150 ~ 300	≤10	10 ~ 50	50 ~ 150	150 ~ 300
0.2 ~ 0.5	$\dfrac{0.08}{0.05}$	$\dfrac{0.10}{0.08}$	$\dfrac{0.14}{0.12}$	0.20	$\dfrac{0.025}{0.02}$	$\dfrac{0.03}{0.04}$	$\dfrac{0.05}{0.08}$	0.08
0.5 ~ 1	$\dfrac{0.12}{0.05}$	$\dfrac{0.16}{0.08}$	$\dfrac{0.22}{0.12}$	0.30	$\dfrac{0.03}{0.02}$	$\dfrac{0.04}{0.04}$	$\dfrac{0.06}{0.04}$	0.10
1 ~ 2	$\dfrac{0.18}{0.06}$	$\dfrac{0.22}{0.10}$	$\dfrac{0.30}{0.16}$	0.50	$\dfrac{0.03}{0.03}$	$\dfrac{0.06}{0.06}$	$\dfrac{0.08}{0.10}$	0.12
2 ~ 4	$\dfrac{0.24}{0.08}$	$\dfrac{0.28}{0.12}$	$\dfrac{0.40}{0.20}$	0.70	$\dfrac{0.06}{0.04}$	$\dfrac{0.08}{0.08}$	$\dfrac{0.10}{0.12}$	0.15
4 ~ 6	$\dfrac{0.30}{0.10}$	$\dfrac{0.31}{0.15}$	$\dfrac{0.50}{0.25}$	1.0	$\dfrac{0.08}{0.05}$	$\dfrac{0.12}{0.10}$	$\dfrac{0.15}{0.15}$	0.2

　　注：(1) 分子为外形公差，分母为内孔公差。

　　　　(2) 一般精度工件采用 IT8 ~ IT7 级精度的普通冲裁模具；较高精度工件采用 IT7 ~ IT6 级精度的高级冲裁模具。

表 1 – 5　一般冲裁件孔距公差　　　　　　　　　　　　　　　单位：mm

料厚 t/mm	孔　距　尺　寸					
	普 通 冲 裁			高 级 冲 裁		
	≤50	50 ~ 150	150 ~ 300	≤50	50 ~ 150	150 ~ 300
≤1	±0.10	±0.15	±0.20	±0.03	±0.05	±0.08
1 ~ 2	±0.12	±0.20	±0.30	±0.04	±0.06	±0.10
2 ~ 4	±0.15	±0.25	±0.35	±0.06	±0.08	±0.12
4 ~ 6	±0.20	±0.30	±0.40	±0.08	±0.10	±0.15

　　注：适用于本表公差数值所指的孔应同时冲出。

表 1 – 6　一般冲裁件断面粗糙度　　　　　　　　　　　　　　　单位：μm

料厚 t/mm	≤1	1 ~ 2	2 ~ 3	3 ~ 4	4 ~ 5
断面粗糙度 Ra	3.2	6.3	12.5	25	50

　　(6) 冲裁件的尺寸标注应符合冲压工艺要求。如图 1 – 5 所示为冲裁件的尺寸标注，其中图 1 – 5 (a) 所示的尺寸标注是不合理的，因为这样标注尺寸，L_1 和 L_2 必须考虑模具的磨损而相应给以较宽的公差，结果造成孔中心距的不稳定。若改用图 1 – 5 (b) 所示的标注方式，则两孔的中心距不会受到模具磨损的影响，比较合理。

　　分析冲压件的工艺性往往是冲压工艺与模具设计的第一步，产品零件图是制订冲压工艺与确定模具结构的重要依据。在对产品零件图进行工艺审查时，若发现冲裁件的工艺性不好，存在上述某种情况之一时，可向产品设计部门提出意见，在不影响产品使用性能的前提下，经协商对原零件图进行修改或重新设计。

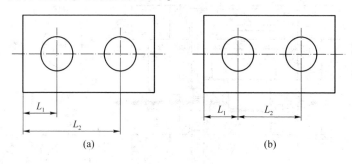

图1-5　冲裁件的尺寸标注

1.2.3　冲裁模具的典型结构

冲压模具的种类很多，按工序组合方式可分为单工序模、复合模、级进模。

单工序模是指在压力机的一次行程中只完成一个冲压工序的模具，如落料模、冲孔模、切边模等。单工序模的生产效率较低，只适用于小批量和试制生产。

复合模是在压力机的一次行程中，在模具的同一位置同时完成两道及两道以上冲压工序的模具。对于大批量生产、精度要求较高的冲裁件，常采用复合冲裁的形式。

级进模是在压力机的一次行程中，在模具的不同位置同时完成数道冲压工序的模具。级进冲裁生产效率较高，特别适合于自动化生产，但模具结构复杂，成本较高。

本项目属于最基本的单工序落料模具设计，所以，本节只介绍最常见的导柱式单工序模具结构，如图1-6所示。

这套模具是典型的落料模，采用弹性卸料装置和下出料方式的正装结构（凹模在下）。该模具由导柱和导套配合作冲模导向，在凸、凹模进行冲裁之前，导柱首先进入导套，导正凸模进入凹模，保证冲裁间隙均匀。

冲裁时，条料由挡料销（4）（3个）定位，卸料板（5）将条料压在凹模（3）的平面上，提高了冲裁质量；冲裁后，凸模（7）回复，卸料板将紧箍在凸模上的材料卸下，工件则卡在凹模内，由下次冲裁时一个推一个从下模座漏料孔落下。

导柱式落料模导向精度高、寿命长、安装使用方便。其缺点是轮廓尺寸较大、制造工艺复杂、成本较高。此类模具广泛用于生产批量较大、精度要求较高的零件冲裁。大多数落料模都采用这种形式。当工件尺寸较大，从漏料孔自然下落有困难时，可以考虑采用正装弹性顶料装置或倒装式结构。

单工序冲孔模与此结构相似，但需要解决半成品毛坯在模具上如何定位以及取放件方便的问题。

1.2.4　排样设计

冲压最常用的材料形状是板料，对于中小型冲压件，通常需将板料裁剪成条料后使用。冲裁件在条料、板料或带料上的布置方式，称为排样。合理的排样设计是提高材料利用率、改善操作性、提高模具寿命及保证工件质量的有效措施。

1. 排样方式

根据材料的利用情况，排样方式可分为有废料排样、少废料排样和无废料排样3种。此

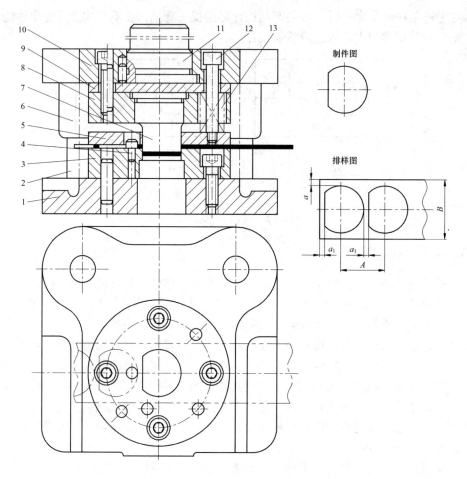

图 1 - 6　导柱式单工序落料模

1—下模座；2—导柱；3—凹模；4—挡料销；5—卸料扳；6—导套；7—凸模；
8—固定板；9—垫板；10—上模座；11—模柄；12—卸料螺钉；13—弹簧

外，为了节约材料，按工件的形状还可以采用直排、斜排、直对排、多行排、混合排等多种形式。常见排样方式如表 1 - 7 和表 1 - 8 所示。

表 1 - 7　有废料排样方式

类型	示例简图	应用	特点
直排		方形、矩形零件	有废料排样沿冲裁件的全部外轮廓冲裁，在冲裁件之间、冲裁件与条料侧边之间均有搭边 有废料排样能充分保证冲裁件的质量和精度，冲模的寿命也相应提高，但材料的利用率低。多用于形状复杂而精度要求高的冲压件
斜排		椭圆形、T 形、L 形、S 形零件	
直对排		三角形、半圆形、梯形、T 形	

续表

类型	示例简图	应用	特点
混合排	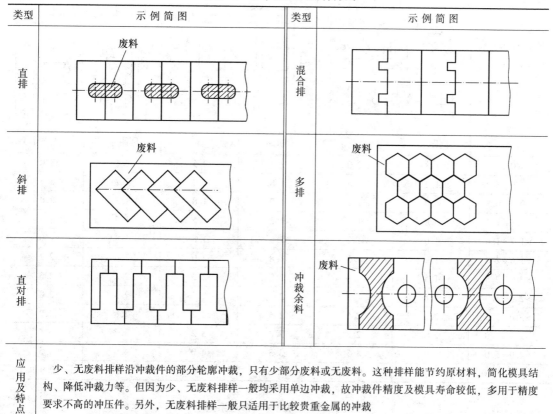	材料与厚度相同的两种以上零件	
多行排		大批生产中尺寸不大的圆形、六角形、矩形零件	
冲裁搭边		大批生产中尺寸不大的细长零件	

表1－8　少、无废料排样方式

类型	示例简图	类型	示例简图
直排	废料	混合排	
斜排	废料	多排	废料
直对排		冲裁余料	废料
应用及特点	少、无废料排样沿冲裁件的部分轮廓冲裁，只有少部分废料或无废料。这种排样能节约原材料，简化模具结构、降低冲裁力等。但因为少、无废料排样一般均采用单边冲裁，故冲裁件精度及模具寿命较低，多用于精度要求不高的冲压件。另外，无废料排样一般只适用于比较贵重金属的冲裁		

2. 搭边

冲裁排样时，冲裁件与冲裁件之间、冲裁件与侧边之间的工艺余料称为搭边。搭边的作用是补偿送料误差，以免零件发生缺角、缺边或尺寸超差；同时提高模具使用寿命及冲裁件断面质量；此外，利用搭边还可以实现模具的自动送料。

冲裁时，搭边大，则材料利用率低；搭边小，则起不到搭边的作用，过小的搭边材料易被拉断，影响制件质量，有时还会导致板料被拉进凸、凹模刃口，加剧模具磨损，甚至会损坏模具。因此，排样设计时，搭边的合理选择是非常重要的。确定搭边值的原则如下。

（1）制件的外形复杂，尺寸大，过渡圆角半径小时，搭边值应取大一些。

（2）材料厚度大时，搭边值应取大一些。

（3）材料的强度及硬度高时，搭边值可取小一些；而材料塑性好或材料脆性大时，搭边值应取大一些。

（4）送料和挡料的方式能确保准确时，搭边值可适当减小，反之应加大。

（5）橡胶模具应比钢制模具的搭边值大一些。

搭边值通常由经验确定，表 1-9 列出了低碳钢冲裁时，常用的最小搭边值。对于冲裁其他材料，应在此基础上乘以一个系数，系数值如表 1-10 所示。

表 1-9 低碳钢冲裁最小搭边值 单位：mm

材料厚度 t/mm	间距 a_1	边距 a	间距 a_1	边距 a	间距 a_1	边距 a
≤0.25	1.8	2.0	2.2	2.5	2.8	3.0
>0.25~0.5	1.2	1.5	1.8	2.0	2.2	2.5
>0.5~0.8	1.0	1.2	1.5	1.8	1.8	2.0
>0.8~1.2	0.8	1.0	1.2	1.5	1.5	1.8
>1.2~1.6	1.0	1.2	1.5	1.8	1.8	2.0
>1.6~2.0	1.2	1.5	1.8	2.0	2.0	2.2
>2.0~2.5	1.5	1.8	2.0	2.2	2.2	2.5
>2.5~3.0	1.8	2.2	2.2	2.5	2.5	2.8
>3.0~3.5	2.2	2.5	2.5	2.8	2.8	3.2
>3.5~4.0	2.5	2.8	2.8	3.2	3.2	3.5
>4.0~5.0	3.0	3.5	3.5	4.0	4.0	4.5
>5.0~12.0	0.6t	0.7t	0.7t	0.8t	0.8t	0.9t

表 1-10 常见材料搭边系数

材 料	系 数	材 料	系 数
硬钢	0.8	软黄铜、纯铜	1.2
中等硬度钢	0.9	铝	1.3~1.4
硬黄铜	1~1.1	非金属（皮革、橡胶等）	1.5~2
硬铝	1~1.2		

实际生产中，排样图上搭边值的选择是否合理，确实直接影响到材料的利用率，但采用最小许用搭边值 a_{1min}、a_{min} 往往人为地提高了模具的制造难度，而在通常情况下却并不能提高材料的利用率。

以一条长为 1 000 mm、厚度为 1 mm、材料为 08 号钢的条料为例，若冲制外部直径 ϕ34 mm 的垫圈，冲裁件以 a_{1min} = 0.8 mm 进行排样，可排 $(1\,000 - 0.8)/(34 + 0.8) \approx 28.7$ 个，实际为 28 个；若以 a_1 = 1.5 mm 进行排样，则可排 $(1\,000 - 1.5)/(34 + 1.5) \approx 28.1$ 个，实际也为 28 个。可见每个步距上省下 0.7 mm 长的料，最终整张条料上并不能多排一个工件，两者的材料利用率可认为是完全相同的。所以，在选择搭边值时，除使用卷料进行冲压外，一般均应在最小值的基础上圆整（料宽尺寸也应该圆整），以降低模具制造难度。

3. 送料步距

模具每冲裁一次，条料在模具上前进的距离称为送料步距。当单个步距内只冲裁一个零件时，送料步距等于条料上两个零件对应点间的距离。即：

$$A = D + a_1 \tag{1-1}$$

式中：A——送料步距，mm；

$\quad\quad D$——送料方向上的冲裁件宽度，mm；

$\quad\quad a_1$——冲裁件间的搭边值，mm。

4. 条料宽度

冲裁前，通常需按要求将板料裁剪为适当宽度的条料，称为下料。在设计冲模时，设计者应根据冲裁件的形状尺寸、选用的搭边值计算出条料宽度，以备供应、工艺、生产等部门备料。

当条料在无侧压装置的导料板间送料时，条料宽度 B 按下式计算：

$$B = (L + 2a + b_0)_{-\Delta}^{\;0} \tag{1-2}$$

当条料在有侧压装置或要求手动保持条料紧贴单侧导料板送料时，条料宽度 B 按下式计算：

$$B = (L + 2a + \Delta)_{-\Delta}^{\;0} \tag{1-3}$$

两式中：B——条料宽度，mm；

$\quad\quad L$——垂直于送料方向的冲裁件最大尺寸，mm；

$\quad\quad a$——冲裁件与条料侧边之间的搭边值，mm；

$\quad\quad b_0$——无侧压装置条料与导料板之间的间隙（见表 1-11）；

$\quad\quad \Delta$——条料宽度的下料偏差（见表 1-12）。

另外，一般来说条料的下料方式有纵裁和横裁两种，通常情况下尽可能纵裁，也可通过比较纵裁和横裁的材料利用率来确定下料方式。当纵裁后条料太长、太重或满足不了纤维方向要求时，则考虑横裁。

表 1-11 无侧压装置条料与导料板之间的间隙 b_0 单位：mm

材料厚度 t/mm	条料宽度/mm		
	≤100	>100~200	>200~300
≤1	0.5	0.6	1.0
1~5	0.8	1.0	1.0

表 1-12 条料宽度的下料偏差 Δ   单位：mm

材料厚度 t/mm	条料宽度/mm			
	≤50	>50~100	>100~200	>200~400
≤1	0.5	0.5	0.5	1.0
>1~3	0.5	1.0	1.0	1.0
>3~4	1.0	1.0	1.0	1.5
>4~6	1.0	1.0	1.5	2.0

5. 材料利用率的计算

当冲裁件形状较复杂，有多种排样方式可选时，可通过材料利用率来确定具体的排样方式。
一个步距内的材料利用率 η 为：

$$\eta = \frac{S_1}{AB} \times 100\% \tag{1-4}$$

一张条料上总的材料利用率 $\eta_{总}$ 为：

$$\eta_{总} = \frac{n_{总} S}{LB} \times 100\% \tag{1-5}$$

两式中：S_1——一个步距内冲裁件的实际面积，mm^2；

$\quad\quad$ S——一个冲裁件的面积，mm^2；

$\quad\quad$ A——单个步距内只冲裁一个零件时的送料步距，mm；

$\quad\quad$ B——条料宽度，mm；

$\quad\quad$ L——条料长度，mm；

$\quad\quad$ $n_{总}$——一张条料上所冲工件数目。

应用上述方法也可以计算出一张板料上总的材料利用率。η 值越大，材料的利用率越高。在冲压件的成本中材料费用一般占 60% 以上，可见材料利用率是一项很重要的经济指标。

6. 排样图

排样图是排样设计的最终表达形式。一张完整的落料模具装配图，应在其右上角画出制件图及排样图，如图 1-7 所示。排样图上除采用合理的排样形式外，还应注明搭边值、送料步距、条料宽度及偏差。对纤维方向有要求时，还应用箭头注明。

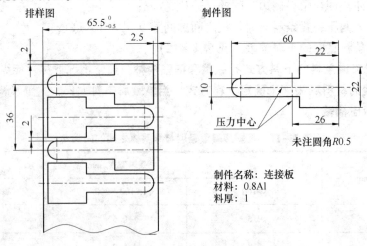

图 1-7 制件图及排样图

1.2.5 冲裁工艺力及冲压设备的选择

冲裁时，所需的冲裁力和附加力（卸料力、推件力、顶件力）的总和称为冲裁工艺力。冲裁工艺力是选择压力机的重要依据，也是模具设计和强度校核的依据。

1. 冲裁力

冲裁时，通过冲模使板料分离所需的最小压力称为冲裁力。对于平刃口模具冲裁，冲裁力的大小可按下式计算：

$$F_{冲} = KLt\tau \tag{1-6}$$

式中：$F_{冲}$——冲裁力，N；

   L——冲裁件断面周长，mm；

   t——冲裁件厚度，mm；

   τ——材料抗剪强度，MPa，可查阅有关手册；

   K——修正系数，一般取 1.3。

为了简便，冲裁力也可以按下式估算：

$$F_{冲} = Lt\sigma_b \tag{1-7}$$

式中：σ_b——材料的抗拉强度，MPa，可参阅有关手册。

2. 卸料力、推件力、顶件力

从凸模上将零件或废料取下所需的力称为卸料力 $F_{卸}$；从凹模腔内顺着冲裁方向将零件或废料推出所需的力称为推件力 $F_{推}$；从凹模腔内逆着冲裁方向将零件或废料顶出所需的力称为顶件力 $F_{顶}$。要准确计算这些力是很困难的，实际生产中常用下列经验公式计算：

$$F_{卸} = K_{卸}F_{冲} \tag{1-8}$$

$$F_{推} = n K_{推}F_{冲} \tag{1-9}$$

$$F_{顶} = K_{顶}F_{冲} \tag{1-10}$$

式中：$K_{卸}$、$K_{推}$、$K_{顶}$——卸料力、推件力、顶件力系数，见表 1-13；

   $F_{冲}$——冲裁力，N；

   n——卡在凹模内的零件或废料个数（与凹模刃口高度有关）。

表 1-13 卸料力、推件力、顶件力系数

材料			$K_{卸}$	$K_{推}$	$K_{顶}$
钢	厚度 t/mm	≤0.1	0.065~0.075	0.1	0.14
		>0.1~0.5	0.045~0.055	0.063	0.08
		>0.5~2.5	0.04~0.05	0.055	0.06
		>2.5~6.5	0.03~0.04	0.045	0.05
		>6.5	0.02~0.03	0.025	0.03
铝、铝合金			0.025~0.08	0.03~0.07	
纯铜、黄铜			0.02~0.06	0.03~0.09	

3. 冲裁总工艺力

在计算冲裁总工艺力以及选择压力机时，并不是将冲裁力与卸料力、推件力、顶件力都考虑进去，应根据不同的模具结构区别对待，如表 1-14 所示。

表 1-14　冲裁总工艺力的计算

模具结构	总工艺力计算公式
采用弹性卸料装置和下出料方式	$F_{总} = F_{冲} + F_{卸} + F_{推}$
采用刚性卸料装置和下出料方式	$F_{总} = F_{冲} + F_{推}$
采用弹性卸料装置和上出料方式	$F_{总} = F_{冲} + F_{卸} + F_{顶}$

根据冲裁总工艺力选择压力机时，一般应先满足压力机的公称压力 $F_{设} \geq 1.2 F_{总}$ 来初选压力机，压力机的主要技术参数是进行模具结构设计的参考。

1.2.6 冲裁压力中心

冲裁压力中心就是冲裁力的合力作用点。冲压生产中，冲裁压力中心应通过模柄轴线与压力机滑块中心线重合。否则，在冲裁时，会使滑块及导向零件等承受偏心载荷，冲裁间隙不均匀，模具工作不平稳，从而加速了导向零件和模具刃口的磨损。

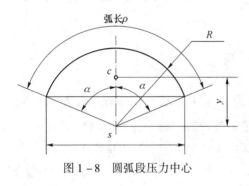

图 1-8　圆弧段压力中心

（1）形状对称的冲裁件，其压力中心位于冲裁轮廓的几何中心上。冲裁直线段时，其压力中心位于直线段的中心。冲裁圆弧段时，其压力中心 c 的位置如图 1-8 所示，按下式计算：

$$y = (180R\sin\alpha)/(\pi\alpha) = Rs/\rho \quad (1-11)$$

式中各符号的意义见图 1-8。

（2）复杂形状冲裁件的压力中心，常根据力矩平衡原理用解析计算法确定。计算方法如下。

① 按比例将冲裁件的冲裁轮廓画出，如图 1-9 所示。

② 建立直角坐标系 xOy。其坐标原点虽可任意取，但坐标轴位置选择适当可使计算简化。

③ 将冲裁件的冲裁轮廓分解为若干基本段，求出各段的长度 l_1，l_2，l_3，…，l_n。

④ 确定各基本段的重心位置，即 x_1，x_2，x_3，…，x_n 和 y_1，y_2，y_3，…，y_n。

⑤ 计算冲裁压力中心坐标 x_c，y_c：

$$x_c = \frac{l_1 x_1 + l_2 x_2 + l_3 x_3 + \cdots + l_n x_n}{l_1 + l_2 + l_3 + \cdots + l_n}$$

$$(1-12)$$

$$y_c = \frac{l_1 y_1 + l_2 y_2 + l_3 y_3 + \cdots + l_n y_n}{l_1 + l_2 + l_3 + \cdots + l_n}$$

$$(1-13)$$

（3）多凸模冲裁压力中心的计算原理与复杂形状冲裁件的压力中心计算原理相同，需要将各凸模的压力中心确定后，再根据力矩平衡原理用解析法计算模具的压力中心。

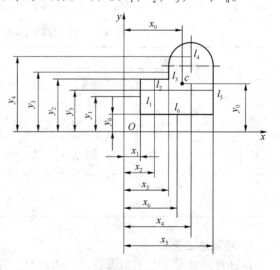

图 1-9　复杂冲裁件压力中心

冲裁压力中心的确定，除了上述的解析法外，还可以用作图法和悬挂法。因作图法精确度较低，方法也不简单，故很少应用。

悬挂法用于复杂形状冲裁件压力中心的确定，还是比较方便的。具体做法如下：用匀质细金属丝沿冲裁轮廓弯制成冲裁模拟件，然后用缝纫线将模拟件悬挂起来，并从悬挂点作一铅垂线；再取模拟件的另一点为悬挂点，以同样的方法作另一铅垂线，两铅垂线的交点即为冲裁压力中心。

实际生产中，常常会出现形状特殊或排样特殊的冲裁件，此时要计算出冲裁压力中心的精确位置既烦琐又无必要。除了少数几种情况，例如，精密冲裁模、多工位自动级进模和一些造价昂贵的模具为保险起见需要精确计算外，一般情况下，可以根据对称原理把压力中心大致定在条料宽向的中心线和送料方向上距离最远的两个凸模（有侧刃时，侧刃也算作凸模）连线的交合点"c"上。只要这个"c"点与实际压力中心之间的偏距小于模柄半径，就能达到模具平稳工作要求。而一旦"c"点与实际压力中心之间的偏距超出模柄半径的范围，就要调整各凹模洞口在凹模板上的位置，使实际压力中心进入模柄半径范围内。

1.2.7 冲裁间隙

冲裁间隙是指冲裁凸、凹模刃口部分尺寸之差（$D_{凹} - D_{凸}$），如图 1-10 所示。冲裁间隙用 Z 表示，又称双面间隙（单面间隙用 $Z/2$ 表示）。一般情况下，若无特殊说明，冲裁间隙 Z 都是指双面间隙。冲裁间隙是冲裁模设计中非常重要的参数。

1. 间隙对冲裁过程的影响

间隙对冲裁过程的影响主要体现在 3 个方面，模具设计中必须综合考虑，选择合理的冲裁间隙。

（1）对冲裁件质量的影响。一般来说，冲裁间隙小，冲裁件断面质量较高；间隙大，断面易产生撕裂，光亮带减小，圆角带与断裂带斜度增加，毛刺较大；间隙过大，冲裁件尺寸及形状不易保证，零件精度较低。

（2）对冲裁力的影响。冲裁间隙小，所需的冲裁力大；间隙大，所需冲裁力就小；但间隙过大，会导致毛刺过大，造成卸料力等迅速增加，反而对减小冲裁力不利。

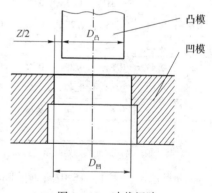

图 1-10 冲裁间隙

（3）对模具寿命的影响。增大模具间隙有利于模具寿命的提高。

2. 合理冲裁间隙的确定

实践证明，只要间隙在一个适当的范围内，就会得到合格的冲裁件，把这个间隙范围称为合理间隙。合理间隙值的大小主要与材料厚度 t、材料的力学性能有关。凸、凹模在工作时逐渐磨损，间隙将越来越大，因此，在设计与制造新模具时，一般应采用最小的合理间隙值。

在实际生产中，合理的冲裁间隙值广泛采用的是经验数据。根据研究与实际生产经验，间隙值可按要求分类查表确定。表 1-15 所提供的经验数据为冲裁模初始双面间隙，可用于一般条件下的冲裁。表中初始间隙的最小值 Z_{min} 为最小合理间隙，而初始间隙的最大值 Z_{max} 是考虑凸、凹模的制造公差，在 Z_{min} 的基础上增加一个数值。在使用过程中，间隙会有所增加，因而，间隙的使用最大值（最大合理间隙）可能超过表中所列的数值。

表 1 - 15　冲裁模初始双面间隙　　　　　　　　　　单位：mm

材料名称	45 T7、T8（退火）磷青铜（硬）铍青铜（硬）		10、15、20 冷轧带钢 30号钢板 H62、H68（硬）$2AI_2$、硅钢片		Q215、Q235 08、10、15 H62、H68（半硬）纯铜 磷青铜（软）铍青铜（软）		H62、H68（软）纯铜（软）3A21、5A02 1060、1050A 1035、1200 8A06、$2AI_2$		酚醛环氧层压玻璃布板 酚醛层压纸板、酚醛层压布板		钢纸板 绝缘纸板 云母板 橡胶板	
力学性能	$HBS \geqslant 190$ $\sigma_b \geqslant 600\ MPa$		$HBS \geqslant 140 \sim 190$ $\sigma_b \geqslant 400 \sim 600\ MPa$		$HBS = 700 \sim 140$ $\sigma_b \geqslant 300 \sim 400\ MPa$		$HBS \leqslant 70$ $\sigma_b \leqslant 300\ MPa$		—		—	
材料厚度 t/mm	初始间隙											
	Z_{min}	Z_{max}	Z_{min}	Z_{max}	Z_{min}	Z_{max}	Z_{min}	Z_{max}	Z_{min}	Z_{max}	Z_{min}	Z_{max}
0.1	0.015	0.035	0.01	0.03	—	—	—	—	—	—	—	—
0.2	0.025	0.045	0.015	0.035	0.01	0.03	—	—	—	—	—	—
0.3	0.04	0.06	0.03	0.05	0.02	0.04	0.01	0.03	—	—	—	—
0.5	0.08	0.10	0.06	0.08	0.04	0.06	0.025	0.045	0.01	0.02	—	—
0.8	0.13	0.16	0.10	0.13	0.07	0.10	0.045	0.075	0.015	0.03	—	—
1.0	0.17	0.20	0.13	0.16	0.10	0.13	0.065	0.095	0.025	0.04	—	—
1.2	0.21	0.24	0.16	0.19	0.13	0.16	0.075	0.105	0.035	0.05	—	—
1.5	0.27	0.31	0.21	0.25	0.15	0.19	0.10	0.14	0.04	0.06	0.01~0.03	0.01~0.045
1.8	0.34	0.38	0.27	0.31	0.20	0.24	0.13	0.17	0.05	0.07	0.01~0.03	0.01~0.045
2.0	0.38	0.42	0.30	0.34	0.22	0.26	0.14	0.18	0.06	0.08	0.01~0.03	0.01~0.045
2.5	0.49	0.55	0.39	0.45	0.29	0.35	0.18	0.24	0.07	0.10	0.01~0.03	0.01~0.045
3.0	0.62	0.68	0.49	0.55	0.36	0.42	0.23	0.29	0.10	0.13	0.04	0.06
3.5	0.73	0.81	0.58	0.66	0.43	0.51	0.27	0.35	0.12	0.16	0.04	0.06
4.0	0.86	0.94	0.68	0.76	0.50	0.58	0.32	0.40	0.14	0.18	0.04	0.06

注：其他条件常用的冲裁初始间隙可查阅有关手册。

应当指出，表 1 - 15 中所列的间隙数值，仅供设计制造模具时参考。随着生产的发展、科技的进步，各生产企业都摸索出一套合理的冲裁间隙数值。确定间隙的具体数值时，应结合冲裁件的具体要求和生产实际，保证冲裁件断面质量和尺寸精度的前提下，使模具寿命最高，其次还要充分考虑以下几个方面。

（1）冲小孔（$d < t$）时，其间隙可适当放大些。

（2）若凹模为锥形刃口，则间隙应比直筒式小些。

（3）在同样条件下，冲孔间隙应比落料间隙大些。

（4）采用弹性压料装置时，冲裁间隙可适当放大些。

（5）复合模的凸凹模壁厚较薄时，其冲孔的间隙值可适当放大。

（6）硬质合金冲模，间隙应比钢制冲模大 30% 左右。

（7）硅钢片冲模的间隙应取大一些。

（8）冲螺纹预制孔时，间隙应取小一些。

（9）若凹模采用电火花加工，其间隙应比采用磨削加工时小一些。

（10）对于高速冲压模具，其间隙应比普通冲压增大 10% 左右。

1.2.8 凸、凹模刃口尺寸设计

冲裁时，冲裁件的尺寸精度主要取决于凸、凹模刃口部分的尺寸，并且合理的冲裁间隙也是靠刃口部分的尺寸来实现和保证的。

1. 刃口尺寸计算原则

1）落料

凹模为基准件，先确定凹模刃口尺寸，间隙取在凸模上。凹模刃口尺寸接近或等于工件的最小极限尺寸，凸模刃口尺寸则按凹模刃口尺寸减去一个最小间隙值来确定。

2）冲孔

凸模为基准件，先确定凸模刃口尺寸，间隙取在凹模上。凸模刃口尺寸接近或等于工件的最大极限尺寸，凹模刃口尺寸则按凸模刃口尺寸加上一个最小间隙值来确定。

3）制造公差

凸、凹模制造公差主要取决于冲裁件的精度和形状，一般比冲裁件的精度高 2 ~ 3 级，也可按 IT6 ~ IT7 级来选取。若冲裁精度要求不高，也可从表 1 - 16 中方便地查出，实际生产中也经常应用此表。对于形状复杂的刃口，制造偏差可按工件相应部位公差值的 1/4 来选取；对于刃口尺寸磨损后无变化的，制造偏差值可取工件相应部位公差值的 1/8 并冠以（±）。

工件尺寸公差与冲模刃口尺寸的制造偏差原则上都应按"入体"原则标注为单向公差，所谓"入体"原则是指标注尺寸公差时应向材料实体方向单向标注，对于磨损后无变化的尺寸，一般标注双向对称偏差。

表 1 - 16 冲裁凸、凹模制造公差表 单位：mm

公称尺寸/mm	凸模制造公差 $-\delta_凸$	凹模制造公差 $+\delta_凹$
≤18		+ 0. 02
>18 ~ 30	- 0. 02	+ 0. 025
>30 ~ 80		+ 0. 03
>80 ~ 120	- 0. 025	+ 0. 035
>120 ~ 180		+ 0. 04
>180 ~ 260	- 0. 03	+ 0. 045
>260 ~ 360	- 0. 035	+ 0. 05
>360 ~ 500	- 0. 04	+ 0. 06
>500	- 0. 05	+ 0. 07

2. 凸、凹模刃口尺寸计算方法

模具制造时，凸、凹模的制造方法有两种，一种是凸、凹模分别按图样加工，即分开加工法；另一种是先加工出凸、凹模中的一件作为基准件，然后按基准件的实际尺寸配作另一件，即采用配作加工法。制造方法不同，凸、凹模刃口尺寸计算方法也将有所不同。

1）凸、凹模分开加工

凸、凹模刃口尺寸可直接按表 1 - 17 中的公式计算。这种方法主要适合于圆形和规则形状的冲裁件。设计时应分别在凸、凹模的零件图上标注刃口尺寸、公差及其他加工要求；制造时凸、凹模分别按图样加工，分别达到设计图样的要求，直接组装调试后即可得到合理的冲裁间隙，冲出合格的冲裁件。

表 1 – 17   分开加工法冲裁凸、凹模刃口尺寸计算公式表

冲裁方式	落　料	冲　孔	中心距
冲裁件尺寸	$D_{-\Delta}^{\ 0}$	$d_{\ 0}^{+0}$	$L \pm \dfrac{1}{2}\Delta$
凸模尺寸	$D_{凸} = (D - x\Delta - Z_{min})_{-\delta_{凸}}^{\quad 0}$	$d_{凸} = (d + x\Delta)_{-\delta_{凸}}^{\quad 0}$	
凹模尺寸	$D_{凹} = (D - x\Delta)_{\ 0}^{+\delta_{凹}}$	$d_{凹} = (d + x\Delta + Z_{min})_{\ 0}^{+\delta_{凹}}$	$L_{凹} = L \pm \dfrac{1}{8}\Delta$

注：表中 D、d——落料、冲孔工件基本尺寸，mm；

$D_{凸}$、$D_{凹}$——落料凸、凹模刃口尺寸，mm；

$d_{凸}$、$d_{凹}$——冲孔凸、凹模刃口尺寸，mm；

Δ——工件公差，mm；

$\delta_{凸}$、$\delta_{凹}$——凸、凹模制造公差，mm；

x——磨损系数（见表 1 – 18）；

L——工件上孔距的基本尺寸，mm；

$L_{凹}$——凹模型孔中心距，mm。

为保证冲裁间隙在合理的范围内，其制造公差应满足如下关系：

$$\delta_{凸} + \delta_{凹} \leqslant Z_{max} - Z_{min} \qquad\qquad (1-14)$$

式中：$\delta_{凸}$、$\delta_{凹}$——凸、凹模制造公差，mm；

Z_{max}、Z_{min}——最大、最小初始间隙，mm。

如果式（1 – 14）不成立，则应提高凸、凹模的制造精度，以减小 $\delta_{凸}$、$\delta_{凹}$。也可将 $(Z_{max} - Z_{min})$ 按 4∶6 的比例分配给凸、凹模。

表 1 – 18   磨损系数

材料厚度 t/mm	非圆形工件 x 值			圆形工件 x 值	
	1	0.75	0.5	0.75	0.5
	工件公差 Δ				
≤1	<0.16	0.17～0.35	≥0.36	<0.16	≥0.16
>1～2	<0.20	0.21～0.41	≥0.42	<0.20	≥0.20
>2～4	<0.24	0.25～0.49	≥0.50	<0.24	≥0.24
>4	<0.30	0.31～0.59	≥0.60	<0.30	≥0.30

【例 1 – 1】   冲如图 1 – 11 所示的冲压件，材料为 Q235，料厚为 3 mm。试计算冲裁凸、凹模刃口尺寸。

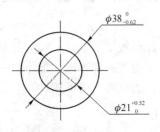

图 1 – 11   冲压件

解   查表 1 – 15 得冲裁初始间隙：

$Z_{min} = 0.36$ mm　　　$Z_{max} = 0.42$ mm

查表 1 – 16，得到凸、凹模制造公差：

落料　　　　$-\delta_{凸} = -0.02$ mm

　　　　　　$+\delta_{凹} = +0.03$ mm

$\delta_{凸} + \delta_{凹} = 0.02 + 0.03 = 0.05$（mm）　$< Z_{max} - Z_{min}$

冲孔　　　　$-\delta_{凸} = -0.02$ mm

　　　　　　$+\delta_{凹} = +0.025$ mm

$$\delta_{凸} + \delta_{凹} = 0.02 + 0.025 = 0.045（\text{mm}）\quad < Z_{max} - Z_{min}$$

上述计算满足 $\delta_{凸} + \delta_{凹} \leqslant Z_{max} - Z_{min}$，则可以采用由表 1 – 16 查得 $\delta_{凸}$ 和 $\delta_{凹}$。查表 1 – 18，

得到磨损系数：

落料　$x = 0.5$

冲孔　$x = 0.5$

按表 1 - 17 中公式计算冲裁凸、凹模刃口尺寸：

落料　$D_凹 = (D - x\Delta)_0^{+\delta_凹} = (38 - 0.5 \times 0.62)_0^{+0.03} = 37.69_0^{+0.03} (\text{mm})$

　　　$D_凸 = (D - x\Delta - Z_{\min})_{-\delta_凸}^0 = (37.69 - 0.36)_{-0.02}^0 = 37.33_{-0.02}^0 (\text{mm})$

冲孔　$d_凸 = (d + x\Delta)_{-\delta_凸}^0 = (21 + 0.5 \times 0.52)_{-0.02}^0 = 21.26_{-0.02}^0 (\text{mm})$

　　　$d_凹 = (d + x\Delta + Z_{\min})_0^{+\delta_凹} = (21.26 + 0.36)_0^{+0.025} = 21.62_0^{+0.025} (\text{mm})$

应当指出，当查表 1 - 16 得到的凸、凹模制造公差不能满足 $\delta_凸 + \delta_凹 \leqslant Z_{\max} - Z_{\min}$ 时，则应提高凸、凹模的制造精度，以减小 $\delta_凸$、$\delta_凹$，此时也可取 $\delta_凸 \leqslant 0.4(Z_{\max} - Z_{\min})$，$\delta_凹 \leqslant 0.6(Z_{\max} - Z_{\min})$。但采用较小的 $\delta_凸$、$\delta_凹$ 会增大模具加工要求，提高制造成本。这种情况下的模具不适合采用凸、凹模分开加工法，而应选用配作加工法。

2）凸、凹模配作加工

实际上，在制造凸、凹模时，大多采用配作加工法，尤其对于形状复杂或薄料冲裁件，为保证凸、凹模之间的合理间隙，必须采用配作加工法。配作加工即先按制件的设计尺寸制出一个基准件（凸模或凹模），然后根据基准件的实际尺寸按最小合理间隙配作加工另一件。

配作加工的特点如下。

（1）加工基准件时，可适当放宽公差要求，使其加工简单方便。

（2）冲裁间隙在配作中保证，不需校核 $\delta_凸 + \delta_凹 \leqslant Z_{\max} - Z_{\min}$。

（3）尺寸标注简单，只需在基准件上标注尺寸及公差，而配作件只标注公称尺寸，不注公差，但在图纸上必须注明"凸（凹）模刃口按凹（凸）模实际尺寸配作，保证最小合理间隙"。因此，配作加工的凸模和凹模是不能互换的。

形状复杂的冲裁件多有凸出和凹进形状，冲裁时相当于落料与冲孔的复合。基准件刃口磨损后，冲裁件尺寸的变化情况将有所不同，如表 1 - 19 所示。这样，对于复杂形状的落料和冲孔，其基准件的刃口尺寸均可按表 1 - 20 中的公式计算。

表 1 - 19　冲裁件尺寸的变化情况

冲裁方式	冲裁件尺寸	基准件尺寸	基准件磨损后冲裁件尺寸变化情况
落料		凹模 	凹模磨损后： a 类尺寸变大 b 类尺寸变小 c 类尺寸不变

续表

冲裁方式	冲裁件尺寸	基准件尺寸	基准件磨损后冲裁件尺寸变化情况
冲孔	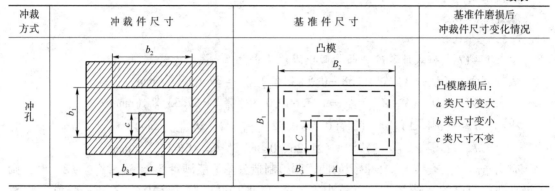	凸模	凸模磨损后： a 类尺寸变大 b 类尺寸变小 c 类尺寸不变

注：图中虚线为磨损或修磨后的刃口。

表 1-20　配作加工法冲裁凸、凹模刃口尺寸计算公式表

冲裁方式	冲裁件尺寸		凸模尺寸	凹模尺寸
落料	以凹模为基准件	$a_{-\Delta}^{\ 0}$	凸模刃口按凹模实际尺寸配作，保证最小合理间隙	$A_{凹} = \left(a_{max} - x\Delta \right)^{+\frac{1}{4}\Delta}_{\ 0}$
		$b_{\ 0}^{+\Delta}$		$B_{凹} = \left(b_{min} + x\Delta \right)^{\ 0}_{-\frac{1}{4}\Delta}$
		c　$c_{\ 0}^{+\Delta}$		$C_{凹} = \left(c + \frac{1}{2}\Delta \right) \pm \frac{1}{8}\Delta$
		$c_{-\Delta}^{\ 0}$		$C_{凹} = \left(c - \frac{1}{2}\Delta \right) \pm \frac{1}{8}\Delta$
		$c \pm \frac{1}{2}\Delta$		$C_{凹} = c \pm \frac{1}{8}\Delta$
	以凸模为基准件	$a_{-\Delta}^{\ 0}$	$A_{凸} = \left(a_{max} - x\Delta - Z_{min} \right)^{\ 0}_{-\frac{1}{4}\Delta}$	凹模刃口按凸模实际尺寸配作，保证最小合理间隙
		$b_{\ 0}^{+\Delta}$	$B_{凸} = \left(b_{min} + x\Delta + Z_{min} \right)^{+\frac{1}{4}\Delta}_{\ 0}$	
		c　$c_{\ 0}^{+\Delta}$	$C_{凸} = \left(c + \frac{1}{2}\Delta \right) \pm \frac{1}{8}\Delta$	
		$c_{-\Delta}^{\ 0}$	$C_{凸} = \left(c - \frac{1}{2}\Delta \right) \pm \frac{1}{8}\Delta$	
		$c \pm \frac{1}{2}\Delta$	$C_{凸} = c \pm \frac{1}{8}\Delta$	
冲孔	以凹模为基准件	$a_{-\Delta}^{\ 0}$	凸模刃口按凹模实际尺寸配作，保证最小合理间隙	$A_{凹} = \left(a_{max} - x\Delta - Z_{min} \right)^{\ 0}_{-\frac{1}{4}\Delta}$
		$b_{\ 0}^{+\Delta}$		$B_{凹} = \left(b_{min} + x\Delta + Z_{min} \right)^{+\frac{1}{4}\Delta}_{\ 0}$
		c　$c_{\ 0}^{+\Delta}$		$C_{凹} = \left(c + \frac{1}{2}\Delta \right) \pm \frac{1}{8}\Delta$
		$c_{-\Delta}^{\ 0}$		$C_{凹} = \left(c - \frac{1}{2}\Delta \right) \pm \frac{1}{8}\Delta$
		$c \pm \frac{1}{2}\Delta$		$C_{凹} = c \pm \frac{1}{8}\Delta$
	以凸模为基准件	$a_{-\Delta}^{\ 0}$	$A_{凸} = \left(a_{max} - x\Delta \right)^{+\frac{1}{4}\Delta}_{\ 0}$	凹模刃口按凸模实际尺寸配作，保证最小合理间隙
		$b_{\ 0}^{+\Delta}$	$B_{凸} = \left(b_{min} + x\Delta \right)^{\ 0}_{-\frac{1}{4}\Delta}$	
		c　$c_{\ 0}^{+\Delta}$	$C_{凸} = \left(c + \frac{1}{2}\Delta \right) + \frac{1}{8}\Delta$	
		$c_{-\Delta}^{\ 0}$	$C_{凸} = \left(c - \frac{1}{2}\Delta \right) \pm \frac{1}{8}\Delta$	
		$c \pm \frac{1}{2}\Delta$	$C_{凸} = c \pm \frac{1}{8}\Delta$	

注：表中 Δ——工件公差，mm；

　　　x——磨损系数（见表 1-18）；

　　　Z_{min}——最小合理间隙，mm；

　　　其他符号意义见表 1-19。

应当指出，配作加工刃口尺寸的计算也是遵循尺寸计算原则的，而实际加工中先制做出的基准件的选择往往是根据加工方法的不同来决定的。

当采用线切割加工时，一般选用凹模作为基准件。

当凹模采用拼块结构，型腔尺寸测量不方便时，一般选用凸模作为基准件。

当凹模型腔的精加工是依靠研配加工时，应选择凸模作为基准件。

当凸模和凹模同时采用线切割加工或精密磨削加工时，则以凸模或凹模作为基准件均可。

【例1-2】 如图1-12所示的冲压件，材料为45号钢，料厚为1 mm。试计算冲裁凸、凹模刃口尺寸。

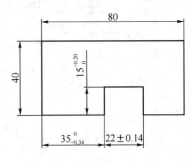

图1-12 冲压件

解 该零件属于落料件，可选凹模为基准件，凸、凹模按配作加工法制造。计算时只需确定凹模刃口尺寸，凸模刃口尺寸则按凹模刃口实际尺寸保证最小合理间隙配作。

查表1-15得冲裁初始间隙：

$$Z_{min} = 0.17 \text{ mm}$$

对于尺寸 $35_{-0.34}^{0}$ mm、$15_{0}^{+0.20}$ mm 和 22 ± 0.14 mm，由表1-4和表1-5查得尺寸公差符合冲裁工艺要求，查表1-18得到磨损系数均为0.75；其他尺寸均为未注公差，一般按IT14级选用，由标准公差表查得尺寸公差分别为 $80_{-0.74}^{0}$ mm 和 $40_{-0.62}^{0}$ mm，查表1-18得到磨损系数均为0.5。

凹模磨损后增大的尺寸：$a_1 = 80_{-0.74}^{0}$ mm、$a_2 = 40_{-0.62}^{0}$ mm、$a_3 = 35_{-0.34}^{0}$ mm

凹模磨损后减小的尺寸：$b = (22 \pm 0.14)$ mm

凹模磨损后不变的尺寸：$c = 15_{0}^{+0.20}$ mm

落料凹模的刃口尺寸计算如下：

$$A_{凹1} = (a_{1max} - x\Delta)_{0}^{+\frac{1}{4}\Delta} = (80 - 0.5 \times 0.74)_{0}^{+\frac{1}{4} \times 0.74} = 79.63_{0}^{+0.185} \text{ mm}$$

$$A_{凹2} = (a_{2max} - x\Delta)_{0}^{+\frac{1}{4}\Delta} = (40 - 0.5 \times 0.62)_{0}^{+\frac{1}{4} \times 0.62} = 39.69_{0}^{+0.155} \text{ mm}$$

$$A_{凹3} = (a_{3max} - x\Delta)_{0}^{+\frac{1}{4}\Delta} = (35 - 0.75 \times 0.34)_{0}^{+\frac{1}{4} \times 0.34} = 34.745_{0}^{+0.085} \text{ mm}$$

$$B_{凹} = (b_{min} + x\Delta)_{-\frac{1}{4}\Delta}^{0} = (22 - 0.14 + 0.75 \times 0.28)_{-\frac{1}{4} \times 0.28}^{0} = 22.07_{-0.07}^{0} \text{ mm}$$

$$C_{凹} = c \pm \frac{1}{8}\Delta = \left(15 + \frac{1}{2} \times 0.20\right) \pm \frac{1}{8} \times 0.20 = (15.1 \pm 0.025) \text{ mm}$$

落料凸模的刃口尺寸按凹模实际尺寸配作，保证最小合理间隙，在零件图中标注时，只标注公称尺寸，不必标注制造公差。凸、凹模的刃口尺寸标注如图1-13所示。

1.2.9 冲模零部件

按模具零件的作用不同，可将其分为工艺零件和结构零件两大类。工艺零件是在完成冲压工序时与材料或制件直接发生接触的零件；结构零件是在模具的制造和使用过程中起装配、安装、定位及导向等作用的零件。冲模零部件的分类如图1-14所示。

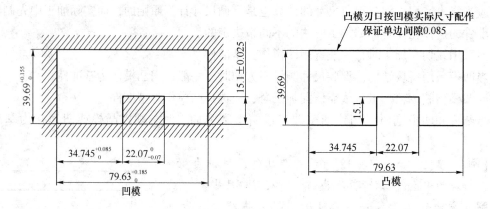

图 1 – 13　凸、凹模刃口尺寸标注

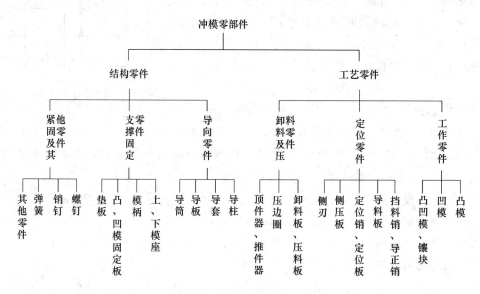

图 1 – 14　冲模零部件的分类

1. 凸模

1）凸模的结构形式及其固定方法

由于冲压件的形状、尺寸及冲模的加工工艺等实际条件的不同，所以，凸模的结构形式很多。其截面形状有圆形和非圆形；刃口形状有平刃和斜刃等；结构有整体式、镶拼式、台阶式、直通式等。常用的固定方法有台肩固定、铆接固定、螺钉及销钉固定、浇注粘接固定等。

下面通过介绍圆形和非圆形凸模、大中型和小孔凸模，来分析凸模的结构形式、固定方法及应用特点。

（1）圆形凸模。典型的圆形凸模结构形式及其固定方法如图 1 – 15 所示，多采用台肩固定，装配修磨方便。图中尺寸直径 d 为凸模的刃口尺寸，需要根据产品尺寸计算而得；直径 D_1 为凸模固定部分的尺寸，与固定板孔采用 H7/m6 或 H7/n6 过渡配合，通常 $D_1 = d + (3 \sim 5)$ mm；直径 D 为台肩部分的尺寸，通常 $D = D_1 + (3 \sim 5)$ mm。

冷冲模标准已制定出圆形凸模的标准结构形式与尺寸规格，有 3 种形式，其结构形式及固定方法如图 1 – 16 所示。设计时也可按国家标准进行选择。图 1 – 16（a）用于较大直径的凸模，图 1-16 （b）用于较小直径的凸模，图 1-16 （c）是快换式的小凸模，维修更换方便。

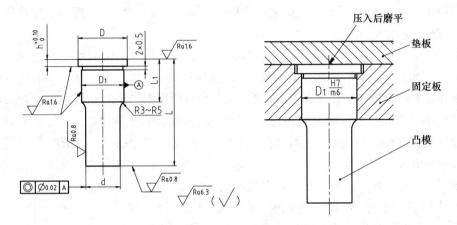

图 1-15 典型圆凸模结构形式及其固定方法

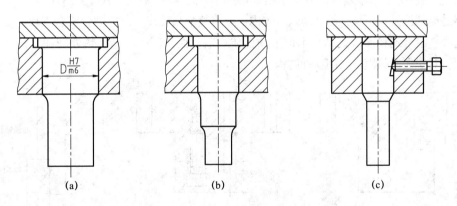

图 1-16 标准圆凸模结构形式及其固定方法

（2）非圆形凸模。实际生产中广泛应用的非圆形凸模结构形式及固定方法如图 1-17 所示。

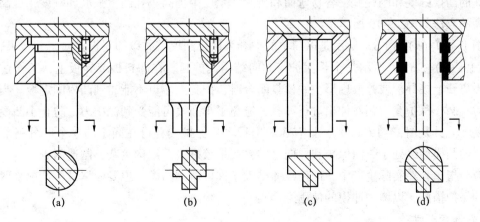

图 1-17 非圆凸模结构形式及其固定方法

图 1 – 17 (a)、(b) 所示是台阶式凸模结构，其工作部分是非圆形的，而固定部分则简化成简单形状的几何截面（圆形或矩形）。若固定部分是圆形的，则必须在固定端接缝处加防转销。图 1 – 17 (a) 所示是台肩固定，应用较广泛。图 1 – 17 (b) 所示是铆接固定，因其拆卸不方便，所以应用较少。

图 1 – 17 (c)、(d) 所示是直通式凸模结构。直通式凸模通常采用线切割加工或成形铣、成形磨削加工。截面形状复杂的凸模，广泛应用这种结构。图 1 – 17 (c) 所示是铆接固定，铆接部分的硬度较工作部分要低。图 1 – 17 (d) 所示是浇注粘接固定，此方法适用于冲裁厚度小于 2 mm 的冲裁模，此时，凸模与固定板间有明显的间隙，固定板只需粗略加工，凸模安装部位也不需精加工，可以简化装配。为了粘接牢固，在凸模的固定端或固定板相应的孔上可开设一定的槽形。常用的粘接剂有低熔点合金、环氧树脂、无机粘接剂等，各种粘接剂均有一定的配方，有的在市场上可以直接买到。

（3）大中型凸模。典型的大中型凸模结构形式及其固定方法如图 1 – 18 所示。图 1 – 18 (a) 所示为整体式，直接用螺钉、销钉固定。图 1 – 18 (b) 所示为组合式，凸模的基体部分可采用普通钢如 45 号钢，仅在工作刃口部分采用模具钢如 T10A、Cr12 制造。图 1 – 18 (c) 所示为镶拼式，可将易损部位另作一块，然后镶入基体内，或将整个凸模按分段原则分成若干块，分别加工后拼接起来。组合式和镶拼式结构不但节约优质材料，而且减少锻造、热处理和机械加工的困难，因而，对于大型凸模宜采用这种结构。

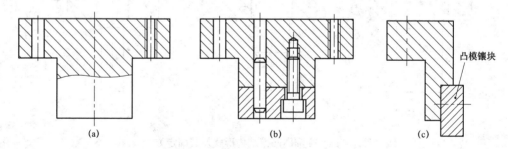

图 1 – 18　大中型凸模结构形式及其固定方法

（4）冲小孔凸模。所谓小孔，一般指直径 $d < 1$ mm 的圆孔或面积 $A < 1$ mm² 的异形孔。冲小孔的凸模强度和刚性差，容易弯曲和折断。生产中提高小孔凸模强度和刚度，提高其使用寿命的方法如图 1 – 19 所示。

图 1 – 19 (a)、(b) 所示是以简单的护套来保护凸模，并以卸料板导向，其效果较好。图 1 – 19 (c)、(d) 所示是全长保护与导向结构，护套装在卸料板或导板上，工作过程中始终不离开上模导板或等分扇形块。模具闭合时，护套上端也不能碰到凸模固定板。当上模下压时，凸模从护套中相对伸出进行冲孔，避免了小凸模可能受到侧压力，防止小凸模弯曲和折断。尤其是图 1 – 19 (d)，具有 3 个扇形等分保护套，可在固定的 3 个等分扇形块中滑动，使凸模始终处于 3 向保护和导向之中，效果较好，但结构复杂，制造困难。

应当指出，在实际生产中，即使尺寸稍大于许可值的凸模，也要根据具体情况采取一些必要的保护措施，以增加冲模的使用寿命。

2）凸模长度确定

凸模长度尺寸会因模具结构的不同而不同，确定时需考虑修磨量、固定板与卸料板之间的距离、装配等的需要。

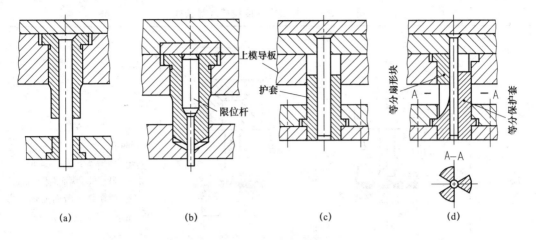

图1-19 冲小孔凸模及其保护结构

当采用固定卸料板和导料板时，如图1-20（a）所示，其凸模长度按下式计算：

$$L = H_1 + H_2 + H_3 + A' \qquad (1-15)$$

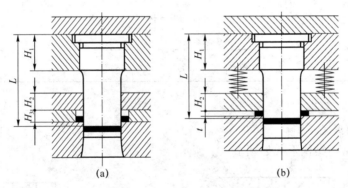

图1-20 凸模长度的确定

当采用弹压卸料板时，如图1-20（b）所示，其凸模长度按下式计算：

$$L = H_1 + H_2 + t + A' \qquad (1-16)$$

式中：L——凸模长度，mm；

$\quad H_1$——凸模固定板厚度，mm；

$\quad H_2$——卸料板厚度，mm；

$\quad H_3$——导料板厚度，mm；

$\quad t$——材料厚度，mm；

$\quad A'$——自由尺寸，一般取10~20 mm。它包括凸模的修磨量、凸模进入凹模的深度

$\qquad$（0.5~1 mm）、固定板与卸料板间的安全距离等。

凸模长度按上述方法确定后，应上靠标准得出凸模实际长度。

3）凸模强度校核

一般情况下，凸模的强度和刚度是足够的，不必进行强度校核。但对于细长凸模或用截面尺寸较小的凸模冲裁厚料时，则应对凸模进行承压能力和抗纵弯曲能力校核，其目的是检查凸模的危险断面尺寸和自由长度是否满足要求，以防止凸模纵向失稳和折断。

冲裁凸模强度校核计算公式如表1-21所示。

表 1-21   冲裁凸模强度校核计算公式

校核内容		计算公式		式中符号意义
弯曲应力	简图	有导向	无导向	L——凸模允许的最大自由长度，mm； d——凸模最小直径，mm； A——凸模最小断面面积，mm^2； J——凸模最小断面的惯性力矩，mm^4； F——冲裁力，N； t——冲压材料厚度，mm； τ——冲压材料抗剪强度，MPa； $[\sigma_压]$——凸模材料的许用压应力，MPa
	圆形	$L \leqslant 90 \dfrac{d^2}{\sqrt{F}}$	$L \leqslant 270 \dfrac{d^2}{\sqrt{F}}$	
	非圆形	$L \leqslant 416 \sqrt{\dfrac{J}{F}}$	$L \leqslant 1\,180 \sqrt{\dfrac{J}{F}}$	
压应力	圆形	$d \geqslant \dfrac{4t\tau}{[\sigma_压]}$		
	非圆形	$A \geqslant \dfrac{F}{[\sigma_压]}$		

2. 凹模

1）凹模结构形式

冲裁凹模的常见结构形式如图 1-21 所示。

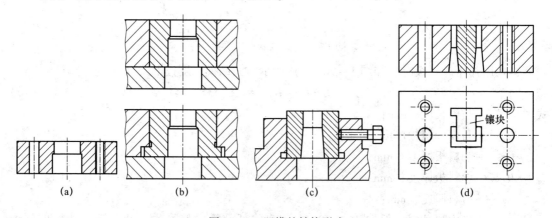

图 1-21   凹模的结构形式

（1）图 1-21（a）所示为整体式凹模。模具结构简单，刚性好，精度高，但制造成本高，同时凹模刃口局部损坏就必须整体更换。这种结构适于精度要求较高的中小型模具。

（2）图 1-21（b）、（c）所示为组合式凹模。其工作部分采用模具钢，非工作部分则由普通钢制造，模具成本低，维修方便。这种结构适合于精度要求不太高的大中型模具。其中图 1-21（b）所示是标准中的两种圆形凹模及其固定方法，尺寸都不大，主要用于冲孔；图 1-21（c）所示是快换式冲孔凹模及其固定方法。

（3）图 1-21（d）所示为镶拼式凹模。其是将易损部位另作一块，然后镶入凹模体内。对于大型模具可将整个凹模按分段原则分成若干段，分别加工后拼接起来。镶拼结构的优点是加工方便，降低了复杂模具的加工难度，同时易损部位更换容易。适合大中型冲压件或形状复杂、局部薄弱的小型冲压件。对于镶拼结构的镶拼原则和方法可参考有关资料。

2）凹模刃口形式

冲裁凹模的刃口形式有直通形和锥形两种，如表1－22所示。选择刃口形式时，主要应根据冲裁件的形状、厚度、尺寸精度及模具的具体结构来决定。

表1－22 冲裁凹模刃口形式及主要参数

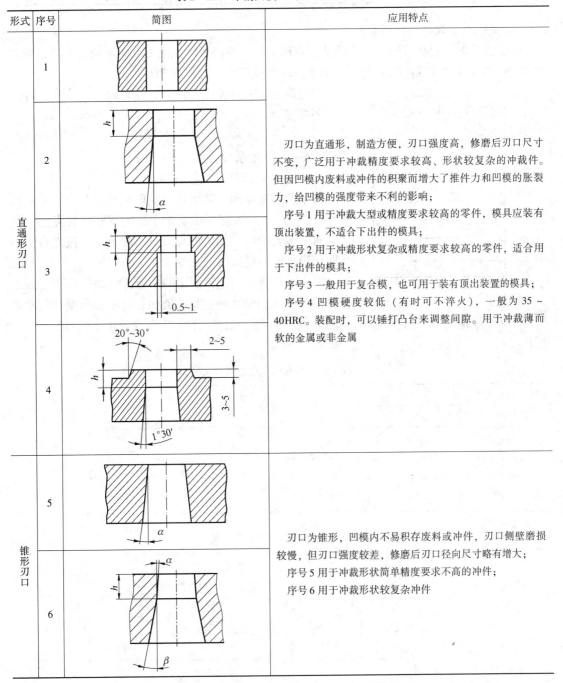

形式	序号	简图	应用特点
直通形刃口	1		刃口为直通形，制造方便，刃口强度高，修磨后刃口尺寸不变，广泛用于冲裁精度要求较高、形状较复杂的冲裁件。但因凹模内废料或冲件的积聚而增大了推件力和凹模的胀裂力，给凹模的强度带来不利的影响；
	2		序号1用于冲裁大型或精度要求较高的零件，模具应装有顶出装置，不适合下出件的模具；
	3		序号2用于冲裁形状复杂或精度要求较高的零件，适合用于下出件的模具；
	4		序号3一般用于复合模，也可用于装有顶出装置的模具；序号4凹模硬度较低（有时可不淬火），一般为35～40HRC。装配时，可以锤打凸台来调整间隙。用于冲裁薄而软的金属或非金属
锥形刃口	5		刃口为锥形，凹模内不易积存废料或冲件，刃口侧壁磨损较慢，但刃口强度较差，修磨后刃口径向尺寸略有增大；序号5用于冲裁形状简单精度要求不高的冲件；序号6用于冲裁形状较复杂冲件
	6		

续表

	材料厚度 t/mm	α/ $(')$	β/ $(°)$	h/mm	备注
主要参数	≤0.5	15	2	≥4	α 值适合于钳加工。采用线切割加工时，可取 $\alpha = 5' \sim 20'$
	>0.5~1			≥5	
	>1~2.5			≥6	
	>2.5~6.0	30	3	≥8	
	>6.0			≥10	

3）整体式凹模的外形尺寸

凹模的外形一般有圆形和矩形两种。矩形凹模的外形尺寸如图 1 – 22 所示，一般是根据被冲材料的厚度和冲裁件的最大轮廓尺寸，按下列经验公式来确定：

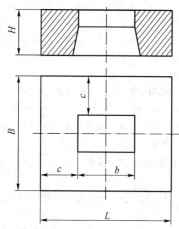

凹模厚度：$H_凹 = Kb$（一般应 ≥15 mm） （1 – 17）

凹模壁厚：$c = (1.5 \sim 2)H_凹$（一般应 ≥30 ~ 40 mm） （1 – 18）

式中：K——厚度系数，见表 1 – 23；

b——凹模刃口的最大尺寸，mm。

根据凹模壁厚即可算出其相应凹模外形尺寸（$L \times B$）或直径，也可在冷冲模国家标准手册中选取标准值。

对于多孔凹模，其刃口与刃口间的距离可按复合模的凸凹模最小壁厚进行设计（见 2.2.2 凸凹模）。

对于采用螺钉和销钉固定的凹模，要保证螺孔（或沉孔）间、螺孔与销孔间、螺孔或销孔与凹模刃壁间的距离不能太近，否则，会影响模具寿命。其最小值可参考表 1 – 24。

图 1 – 22 凹模外形尺寸的确定

表 1 – 23 冲裁凹模厚度系数 K

凹模刃口最大尺寸 b/mm	料厚 t/mm				
	0.5	1	2	3	4
≤50	0.3	0.35	0.42	0.5	0.6
>50~100	0.2	0.22	0.28	0.35	0.42
>100~200	0.15	0.18	0.2	0.24	0.3
>200	0.1	0.12	0.15	0.18	0.22

表 1 – 24 螺孔、销孔及刃壁间的最小距离　　　　　　　　单位：mm

简图	
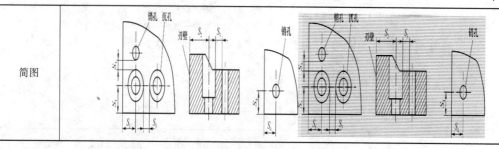	

续表

螺孔		M4	M6	M8	M10	M12	M16	M20	M25
S_1	淬火	8	10	12	14	16	20	25	30
	不淬火	6.5	8	10	11	13	16	20	25
S_2	淬火	7	12	14	17	19	24	28	35
S_3	淬火				5				
	不淬火				3				
销孔 ϕ		2	3	4	5	6	8	10	12	16	20	25
S_4	淬火	5	6	7	8	9	11	12	15	16	20	25
	不淬火	3	3.5	4	5	6	7	8	10	13	16	20

一般螺孔、销钉孔除了要保证与刃壁的最小距离外，还应保证其孔与凹模的外形边距为其孔经的 1.5~2 倍。对于凸、凹模固定板等零件上类似的孔距，也可参考表 1-24 确定。

3. 定位零件

冲模的定位零件是用来确定毛坯在模具中的位置及条料的送料步距，以保证冲压件的质量，使冲压生产顺利进行。由于毛坯形状不同，定位形式是多种多样的。

控制送料步距的定位零件主要有挡料销、导正销、侧刃等；对条料或带料送进导向的定位零件主要有导料销、导料板等；对单个毛坯进行定位的零件主要有定位销、定位板等。设计时，定位零件的高度应稍大于板料厚度。下面介绍几种常用的定位装置。

1）挡料销

挡料销的作用是保证条料有准确的送进距离，即是用来控制送料步距的。国标中常见的挡料销有 3 种形式：固定挡料销、活动挡料销和始用挡料销。模具设计时可根据板料厚度及模具结构查阅有关标准选用。

（1）固定挡料销。标准结构的固定挡料销如图 1-23 所示。图 1-23（a）所示为圆头固

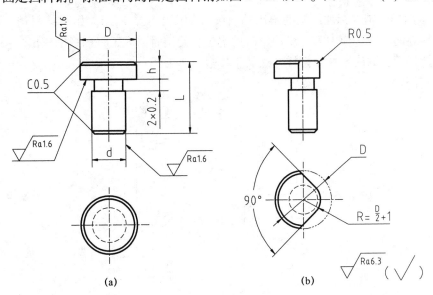

图 1-23 固定挡料销

定挡料销，一般设在凹模面上，结构简单，但操作不便。广泛应用于中小型冲件的挡料定距，缺点是容易削弱凹模刃口强度。图 1 – 23（b）所示为钩形固定挡料销，因其可设置在凹模刃口较远处，故不会削弱凹模刃口强度，但为了防止钩头在使用过程中发生转动，需考虑防转。

（2）活动挡料销。常见的活动挡料销装置如图 1 – 24 所示。图 1 – 24（a）所示为弹簧弹顶挡料装置；图 1 – 24（b）所示为橡胶弹顶挡料装置。冲裁时，活动挡料销随凹模下降而被压入孔内，操作方便，多用于弹压卸料板的倒装复合模。除此之外，常见的还有扭簧弹顶挡料装置、回带式挡料装置等。

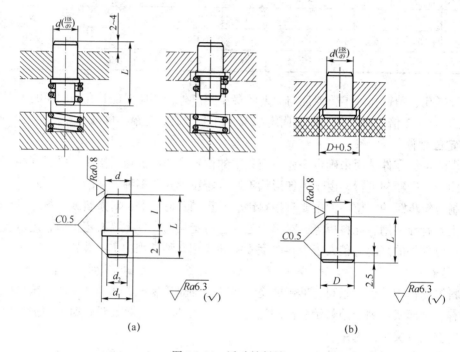

图 1 – 24 活动挡料销

（3）始用挡料销。标准结构的始用挡料装置如图 1 – 25 所示。始用挡料销一般用于以导料板送料导向的级进模中第一步冲压时的定位，使用时需人工将挡料销压出。一副模具用几个始用挡料销，取决于冲裁排样方式及工位数。

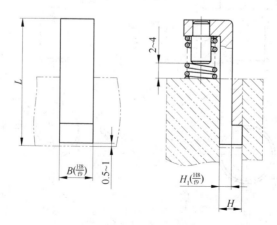

图 1 – 25 始用挡料销

2）导料销、导料板、侧压装置

导料销、导料板是指对条料或带料的侧向进行导向，以免其送偏的定位零件。

导料销多用于单工序模或复合模中，一般设置两个，并位于条料的同侧。常见的导料销主要有固定式和活动式两种。固定式的一般固定在凹模面上，结构与圆头挡料销相同；活动式的一般固定在弹压卸料板上，结构与活动挡料销相同。此外，还有设在固定板或下模座上的导料销（如导料螺钉）。

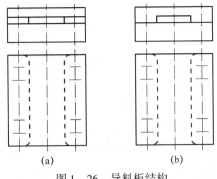

图1-26 导料板结构

导料板一般设在条料的两侧，其常见结构如图1-26所示。图1-26（a）所示为一种标准结构，它与卸料板分开制造；图1-26（b）所示是与卸料板制成整体的结构。如果只在条料的一侧设置导料板，则其位置与导料销相同。

导料板厚度和两板间宽度如表1-25所示。

表1-25 导料板厚度及两板间宽度（单位：mm）

材料厚度 t/mm	导料板厚度		导料板间宽度	
	送进时板料需抬起	送进时板料不抬起	无侧压	有侧压
≤1	4~6	3~4	$B+(0.5~1.5)$	$B+(5~8)$
>1~2	6~8	4~8		
>2~3	8~10	6~8		
>3~4	10~12	8~10		
>4~6	12~15	8~10		
>6~10	15~25	10~15		

注：表中 B 为条料宽度，mm。

在级进模中，常采用带侧压装置的导料板，使条料紧靠另一边导料板正确送进。侧压装置的常见结构如图1-27所示。在一副模具中，侧压装置的数量和位置视实际需要而定。

图1-27（a）所示是弹簧式侧压装置，侧压力较大，适用于较厚板料的冲裁。图1-27（b）、（c）所示分别是簧片式侧压装置、簧片压块式侧压装置，侧压力较小，适用于板料厚度为0.3~1 mm的薄板冲裁。图1-27（d）所示是板式侧压装置，侧压力较大且均匀，一般装在模具进料的一端，适用于侧刃定距的级进模。

应当指出，厚度在0.3 mm以下的板料不宜采用侧压装置。另外，备有辊轴自动送料装置的模具也不宜采用侧压装置。

3）定位销、定位板

定位销和定位板用于单个毛坯的定位。其定位方式有两种：外缘定位和内孔定位，常见结构形式如图1-28和图1-29所示。外形较简单的毛坯可采用外缘定位；外形较复杂的一般采用内孔定位。若没有合适的孔来定位，在不影响使用要求的前提下，可增加定位工艺孔。

图1-28（a）所示是利用工件的两端或两对角定位，采用分体定位板，常用于弯曲模。图1-28（b）所示是利用工件的整个外轮廓定位，采用整体定位板，或采用成套式定位销，常用于冲孔模。图1-28（c）采用接触式定位销，操作者需手动调节控制定位精度，适用于定位精度要求不高的大型工件的定位。

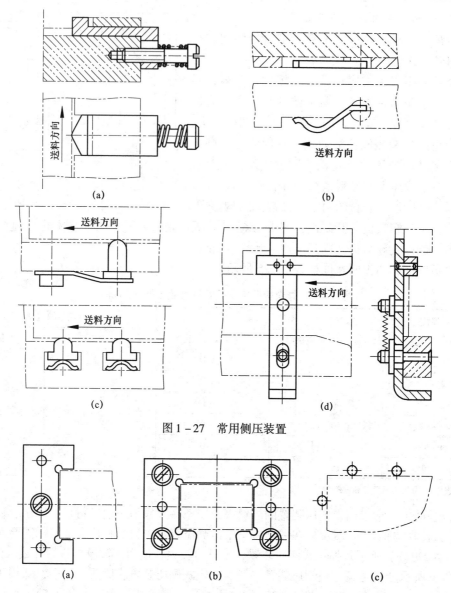

图 1 – 27　常用侧压装置

图 1 – 28　外缘定位形式

图 1 – 29（a）所示是小型孔定位销，适用于直径小于 10 mm 的孔定位，若孔径很小，也可增大定位销下部直径以增大其强度。图 1 – 29（b）所示是中型孔定位销，适用于直径为 15～30 mm 的孔定位。图 1 – 29（c）所示是大型孔定位板，孔的直径一般大于 30 mm。图 1 – 29（d）所示是大型异形孔的定位板。

定位销高度和定位板厚度如表 1 – 26 所示。

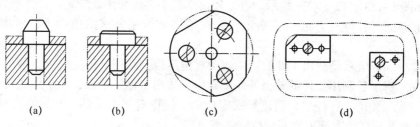

图 1 – 29　内孔定位形式

表1-26 定位销高度和定位板厚度（单位：mm）

板料厚度 t/mm	≤1	1~3	3~5
高度（厚度）	$t+2$	$t+1$	t

4）侧刃

在级进模中，为了限制条料的送料步距，在条料侧边冲切出一定尺寸缺口的凸模，称为侧刃。它定距精度高，操作方便，易于实现冲压自动化，但浪费材料。常见的侧刃端面结构如图1-30所示，设计时可参考有关标准。

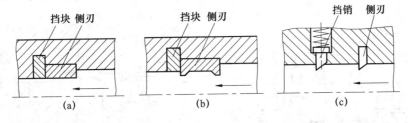

图1-30 侧刃端面结构

图1-30（a）所示是矩形侧刃，结构简单，制造方便，但侧刃角部因制造或磨损原因，使切出的条料台肩角部出现圆角或毛刺，从而影响顺利送进和定位的准确性，多用于板料厚度小于1.5 mm、冲件精度要求不高的送料定距。图1-30（b）所示是齿形侧刃（也可单齿），克服了矩形侧刃的缺点，但制造加工困难，冲压材料消耗增多，多用于冲裁板料厚度小于0.5 mm、精度要求较高的冲件。图1-30（c）所示是尖齿形侧刃，与弹簧挡销配合使用，冲压材料消耗少，但操作不方便，生产率较低，主要用于贵重金属的冲裁。

侧刃沿送料方向的断面尺寸一般应与送料步距相等，公差一般按基轴制h6制造，精密级进模按h4制造。但在导正销与侧刃兼用的级进模中，侧刃的这一尺寸最好比步距稍大0.05~0.10 mm。侧刃凹模按侧刃实际尺寸加单边间隙配作。当冲压生产批量较大时，多采用双侧刃。双侧刃可以是对角放置，也可以对称放置。

4. 卸料及推（顶）件装置

1）卸料装置

卸料装置是用来将冲裁后卡箍在凸模或凸凹模上的制件或废料卸掉。卸料装置分为刚性卸料装置、弹性卸料装置和废料切刀3种。

（1）刚性卸料装置。常见结构如图1-31所示，其中，图1-31（a）主要应用于平板冲裁，此图卸料板与导料板为一整体，卸料板与导料板也可以是分开的；图1-31（b）、（c）主要应用于成形后的工序件的冲裁卸料，设计时应注意取放件方便的问题。

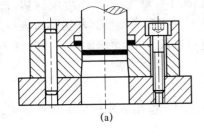 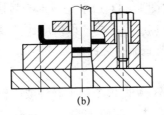 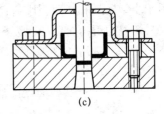

图1-31 刚性卸料装置

刚性卸料装置卸料力大，卸料可靠，适用于板料较厚、工件平直度要求不很高的冲裁卸料。

当卸料板只起卸料作用时，凸模与卸料板的双边间隙一般取 (0.2 ~ 0.5) t。当卸料板兼起导板作用时，一般按 H7/h6 配合制造，但应注意两者的配合间隙应小于冲裁间隙。此时要求卸料时凸模不能完全脱离卸料板。

（2）弹性卸料装置。常见结构如图 1 - 32 所示，其中，图 1 - 32 (a) 是向下卸料方式，主要用于单工序冲裁模；图 1 - 32 (b) 是向上卸料方式，主要应用于倒装的复合冲裁模，也可将弹性元件装在下模座之下，以便调节卸料力的大小。

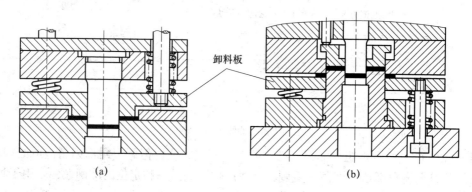

图 1 - 32　弹性卸料装置

弹性卸料装置中的卸料板既起卸料作用，又起压料作用，冲裁件比较平整。适用于质量要求较高的冲裁件或薄料冲裁。设计时应注意，当模具处于开启状态时，卸料板工作面应高出凸模平面 1 ~ 2 mm，以便冲裁前的压料及冲裁后的完全卸料。

弹压卸料板与凸模的单边间隙可按表 1 - 27 选用，在级进模中特别小的冲孔凸模与卸料板的单边间隙可将表中数值适当加大。当卸料板兼起导向作用时，一般按 H7/h6 配合制造，但应注意两者的配合间隙应小于冲裁间隙。

表 1 - 27　弹压卸料板与凸模间隙　　　　　　　　　　　　单位：mm

材料厚度 t/mm	≤0.5	>0.5 ~ 1	>1
单边间隙	0.05	0.1	0.15

（3）废料切刀。主要应用在切边模上，利用冲裁时凹模的向下运动，把已切下的废料压于切刀刀刃上，从而将其切开。对于形状简单的冲裁件，一般设置两个切刀；形状复杂的可根据实际需要来设置，也可以用弹压卸料加废料切刀来卸料。

国家标准中的废料切刀结构如图 1 - 33 所示，其中，图 1 - 33 (a) 是圆形废料切刀，用于小型模具和切薄板废料；图 1 - 33 (b) 是方形废料切刀，用于大型模具和切厚板废料。废料切刀的刃口长度应比废料宽度大一些，刃口应比凸模刃口低 2.5 ~ 4 倍的料厚，并且不小于 2 mm。设计时可根据需要查阅有关标准。

2）推（顶）件装置

推（顶）件装置的作用都是从凹模中卸下制件或废料。向下推出的机构称为推件装置，一般装在上模内；向上顶出的机构称为顶件装置，一般装在下模内。

（1）推件装置。主要有刚性推件装置和弹性推件装置两种，如图 1 - 34 所示。

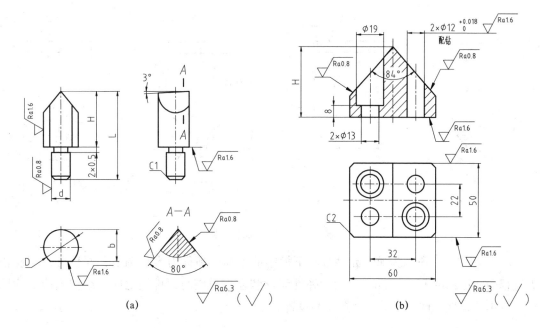

图 1 - 33 废料切刀

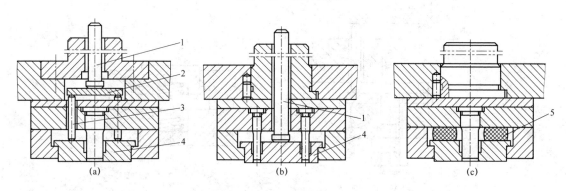

图 1 - 34 推件装置

1—推杆；2—顶板；3—顶杆；4—推件块；5—橡胶

图 1 - 34（a）所示为刚性推件装置，应用较多，一般由推杆、顶板、顶杆和推件块等组成。其工作原理是在冲压结束后上模回程时，利用压力机的横梁作用，通过推杆等传力元件将推件力传递到推件块上，从而将凹模内的制件（或废料）推出，其推件力大，工作可靠。图 1 - 34（b）结构简单，由推杆直接推动推件块，适用于形状简单的小型工件冲裁。图 1 - 34（c）所示为弹性推件装置，推件力来源于弹性元件，它同时兼起压料作用。推件力不大，但推件平稳，冲件质量较高，多用于冲裁大型薄板及精度要求较高的工件。

顶杆一般需 2 ~ 4 根且分布均匀、长短一致。顶板要有足够的刚度，平面形状尺寸只要能覆盖到顶杆，不必设计的太大。图 1 - 35 所示为标准顶板的结构。顶杆及顶板设计时都可根据实际需要按标准选用。

（2）顶件装置。顶件装置一般都是弹性的，通常由顶杆、顶件块和装在下模底的弹顶器组成，其弹性元件通常为橡胶或弹簧，如图 1 - 36 所示。弹顶器可以做成通用的，也可按有关标准选用。

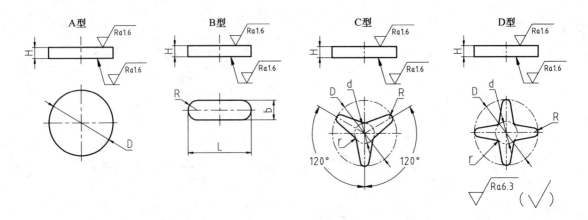

图 1-35 标准顶板结构

图 1-36（a）所示为弹性元件装在下模座的下面，顶件力容易调节，并且可以实现较大行程的冲压；图 1-36（b）所示为弹性元件装在下模座与顶件块之间，结构紧凑，冲压行程较小。弹性元件的数量可根据需要设置。

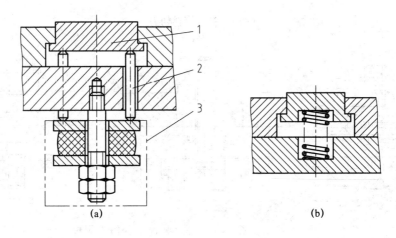

图 1-36 顶件装置
1—顶件块；2—顶杆；3—弹顶器

推件块和顶件块是在凹模中运动的零件，对它有如下要求。

① 模具处于闭合状态时，其背后一般要有一定的空间，以备修磨和调整的需要。

② 模具处于开启状态时，必须顺利复位，工作面高出凹模平面 1~2 mm，以便继续冲裁。

③ 它与凸模和凹模的配合应保证顺利滑动，不发生干涉。一般推件块和顶件块与凹模为间隙配合，其外形尺寸一般按 h8 级公差制造，也可以根据板料厚度选取适当间隙。而推件块和顶件块与凸模的配合一般呈较松的间隙配合即可。

5. 弹性元件的选用

弹簧和橡胶是模具中广泛使用的弹性元件，主要为弹性卸料、压料及顶件装置提供作用力和行程。下面主要介绍弹簧的选用原则及方法，橡胶的选用可参考有关资料。

在模具中应用最多的是圆柱弹簧和矩形弹簧，当需要受力较大时常选用矩形弹簧。弹簧属于标准件，一般分为轻载、中载和重载，可根据力、行程和模具结构的需要查阅相关标准选用。

例：已知冲裁件的料厚为 1 mm，总卸料力为 1 800 N，试确定所需要的卸料弹簧规格。

解　（1）初步认为该模具中布置 4 个弹簧较合适，则每个弹簧所担负的卸料力为：

$$F_{卸}/4 = 1\ 800/4 = 450(\text{N})$$

即弹簧的预紧力 $P_{预} = 450$ N。

（2）查阅 JB/T 6653 – 2013 中型扁钢丝弹簧标准，根据 $P_{预}$ 初步选用型号为 M25 × 63。其具体参数如下：安装窝孔直径为 $D_{min} = 25$ mm，自由高度为 $H_0 = 63$ mm，弹簧规定变形量为 $F_{28} = 17.6$ mm，规定负荷为 $P_{28} = 960$ N。

（3）画出弹簧的压力曲线，如图 1 – 37 所示。按比例找出当纵坐标为 450 N 时，在横坐标相当于 8.25 mm，即弹簧预紧量 $F_{预} = 8.25$ mm。

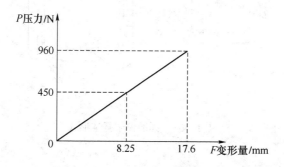

图 1 – 37　弹簧压力曲线

（4）校核。安装时，一般卸料板比刃口高出 1 mm 左右；工作时，凸模进入凹模深度为 1 mm 左右，故工作行程 $F_{工作} = t + 1 + 1 = 3$（mm）。

弹簧许用压缩量应满足 $F_{预} + F_{工作} + F_{修} \leq F_{28}$（$F_{修}$ 为考虑模具的刃磨量及调整量，一般取 5 ~ 10 mm）。

则：$F_{修} = F_{28} - F_{预} - F_{工作}$

$= 17.6 - 8.25 - 3$

$= 6.35$（mm）（可以满足需要）

弹簧安装长度（$H_0 - F_{预}$）为 54.75 mm，能够满足模具结构要求。所以，所选弹簧 M25 × 63 是合适的。

注：如果偏差较大，即 $F_{修}$ 偏离 5 ~ 10 mm 较大，则必须重新选择弹簧的数量或规格，直到合适为止。

6. 连接与固定零件

1）模架

根据标准规定，模架主要有导柱模模架和导板模模架两大类。其中导柱模模架应用较多，基本形式如图 1 – 38 所示。

图 1 – 38（a）所示为后侧导柱模架，可实现纵、横两个方向送料，送料方便，但容易

引起模具单边磨损，一般用于较小的冲模，且不适于浮动模柄的模具。图1-38（b）所示为中间导柱模架，受力均衡，但只能实现纵向单方向送料。图1-38（c）所示为对角导柱模架，不但受力均衡，且能实现纵、横两个方向送料。图1-38（d）所示为四导柱模架，不但受力均衡，导向功能强，且刚度大，适合于大型模具。

模架按国家标准由专业生产厂生产，在设计模具时，一般根据凹模的周界尺寸选择标准模架，另外，模具的闭合高度也应在模架闭合高度范围内。附录C列出了滑动导向后侧导柱标准模架规格，供查阅参考。

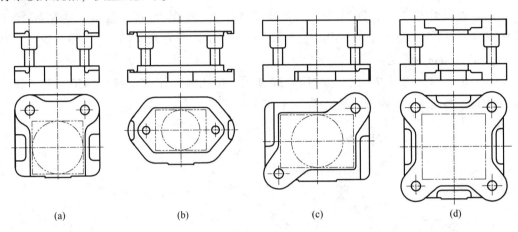

(a)　　　　(b)　　　　(c)　　　　(d)

图1-38　标准模架基本形式

2）模柄

模柄是连接上模与压力机的零件，普通冲裁时常用的标准模柄结构形式如图1-39所示。设计时可根据所选压力机及模具结构查阅有关标准选用。

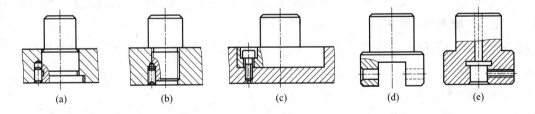

(a)　　(b)　　(c)　　(d)　　(e)

图1-39　标准模柄结构形式

图1-39（a）所示为压入式模柄，可较好地保证轴线与上模座的垂直度。模柄与上模座的配合常采用H7/m6，适用于各种中小型冲模，生产中应用最广泛。

图1-39（b）所示为旋入式模柄，拆装方便，但模柄轴线与上模座的垂直度较差，多用于有导柱的中小型冲模。图1-39（a）、（b）中应加防转销防止模柄转动。

图1-39（c）所示为凸缘式模柄，模柄与上模座的配合采用H7/js6或H7/h6，并用3~4个螺钉紧固于上模座，多用于较大型的模具。

图1-39（d）、（e）所示为通用模柄，用于直接固定凸模，适用于小型模具。

3）固定板

固定板主要用于小型凸模、凹模或凸凹模等工作零件的固定，一般分为圆形和矩形两种。

模具中最常见的是凸模固定板，其厚度一般为凹模厚度的 0.6 ~ 0.8 倍，外形与凹模轮廓尺寸基本相同，但还应考虑紧固螺钉及销钉的位置。凸模与固定板连接采用紧固件法或压入法时，安装孔与凸模常采用 H7/m6 或 H7/n6 配合；采用热套法时，其过盈量可选用配合尺寸的 0.1% ~ 0.2%；采用低熔点合金、环氧树脂或无机粘接法固定时，凸模与固定板孔间有一定的间隙，间隙值应根据选用的填充、粘接介质不同选用。制造时凸模可略高于固定板 0.1 mm 左右，压装后一起磨平。

4）垫板

垫板的作用是承受小型凸模、凹模或凸凹模等工作零件的压力，以防止模座局部压损。垫板的厚度一般取 5 ~ 15 mm，外形尺寸与固定板相同。是否需要垫板，可按下式进行校核：

$$P = \frac{F'_z}{A} \tag{1-19}$$

式中：P——凸模头部端面对模座的单位压力，MPa；

$\quad\quad F'_z$——凸模承受的总压力，N；

$\quad\quad A$——凸模头部端面支撑面积，mm^2。

如果头部端面上的单位压力 P 大于模座材料的许用压应力 $[\sigma_{bc}]$，见表 1-28，就需要加垫板，反之，则不需要加垫板。

表 1-28 模座材料的许用压应力 单位：MPa

模 座 材 料	$[\sigma_{bc}]$
铸铁 HT250	90 ~ 140
铸钢 ZG310 ~ 570	110 ~ 150

5）螺钉及销钉

螺钉和销钉都是标准件，设计模具时按有关标准选用即可。

螺钉用于连接固定模具零件，最好选用内六角螺钉。螺钉的数量应根据安装件的大小确定，其规格应根据冲压力大小、凹模厚度等确定，选用时可参考表 1-29。

销钉起定位作用，常采用圆柱销，每个件上只需两个销钉，其直径与螺钉直径相同即可。

表 1-29 螺钉规格选用

凹模厚度/mm	≤13	>13 ~ 19	>19 ~ 25	>25 ~ 35	>35
螺钉规格	M4、M5	M5、M6	M6、M8	M8、M10	M10、M12

1.2.10 模具装配图及零件图

模具图纸是由装配图和零件图两部分组成。模具的总体结构及其相应零部件结构确定之后，便可以绘制模具的装配图和零件图。装配图和零件图均应严格按照国家制图标准绘制。考虑到模具图的特点，允许采用一些习惯和特殊规定的画法。

1. 模具装配图

模具的装配图是拆绘模具零件图和装配模具的依据，应清楚地表达各零件之间的装配关系以及固定连接方式。模具装配图的一般绘制要求如表 1-30 所示。

表 1-30　模具装配图的绘制要求

步骤	说　明
（1）装配图的布局及比例	① 遵守国家标准机械制图的有关规定 ② 可按模具设计中习惯或特殊规定的绘制方法作图 ③ 尽量按 1:1 绘图，必要时可以按机械制图要求比例缩放 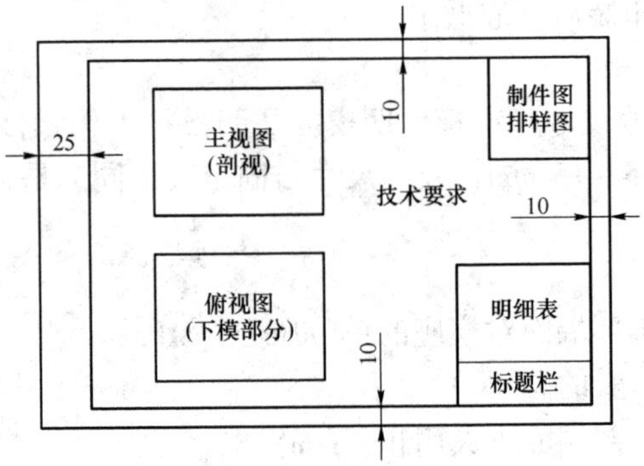 冲压模具装配图的布局
（2）设计绘图顺序	① 主视图。绘制主视图时，一般先里后外，由上而下，即先绘制产品的零件图、凸模、凹模 ② 俯视图。将模具沿冲压方向"打开"上模，沿冲压方向分别从上往下看已打开的上模和下模，绘制俯视图。主、俯视图一一对应画出
（3）主视图绘制要求	① 主视图上应尽可能地将模具的所有零件画出，可采用全剖视图、半剖视图或局部剖视图。若有局部无法表达清楚的，可以增加其他视图 ② 在剖视图中剖切到凸模和顶件块等旋转体时，其剖面一般不画剖面线；有时为了图面结构清晰，非旋转体的凸模也可不画剖面线 ③ 绘制的模具一般应处于闭合状态，对于对称结构的模具也可以一半处于工作状态，另一半处于非工作状态 ④ 模具闭合高度标注在主视图左侧
（4）俯视图绘制要求	① 俯视图一般只绘制出下模，对于对称结构的模具，也可上、下模各画一半。需要时再绘制一侧视图或其他视图 ② 在俯视图中用双点画线画出条料的宽度 ③ 送料方向不明了时，需用箭头表示出送料方向
（5）制件图	① 制件图是经本道工序冲压成形后得到的冲压件图形，一般画在装配图的右上角，并注明必要的尺寸及冲压中心的位置（冲压中心与制件中心线重合时不注），需试验决定的尺寸用方框框起来，并注明方框内的尺寸由实验决定 ② 在制件图的左下方注明制件的名称、材料、厚度 ③ 制件图的比例一般与模具图上的一致，特殊情况下可以缩小或放大，但应注明比例。制件图的方向应与实际冲压方向一致（即与工件在模具中的位置一致），若特殊情况下不一致时，必须用箭头注明冲压件成形方向
（6）排样图	① 利用带料、条料时，应画出排样图，一般画在制件图下方或左方 ② 排样图应包括排样方式、送料步距、搭边、料宽及公差、定距方式（用侧刃定距时侧刃的形状、位置），对弯曲、卷边工序的零件要考虑材料纤维的方向。通常从排样图上可以看出是单工序模还是复合模或级进模 ③ 排样图的方向一般应与模具中选料方向一致、不一致时应用箭头注明

续表

步骤	说　明
（7）技术要求	在装配图中，要简要注明对该模具的要求、注意事项和技术条件；有时还要注明模具间隙；有时还在左上角倒写标注图样代号，这是企业结合产品的型号而编制的，便于图样使用管理
（8）装配图上应标注的尺寸	模具闭合尺寸、外形尺寸、特征尺寸（与成形设备配合的定位尺寸）、装配尺寸（安装在成形设备上的螺钉孔中心距）、极限尺寸（活动零件的起始位置之间的距离）及装配后需保证的尺寸等
（9）零件序号、标题栏和明细表	① 在装配图中按顺序编写零件序号（尽量标在主视图中），同类零件尽量连续排在一起 ② 标题栏在装配图的右下角，设计者和校对者必须手写签名及日期，工装图号是以制件图号为基础进行编号或由各企业按自己习惯编号 ③ 明细表在标题栏的上面，件号自下向上编写，附注栏标出材料热处理要求或其他要求，规格栏标出标准零件的型号规格 标题栏和明细表的常用格式见下图： 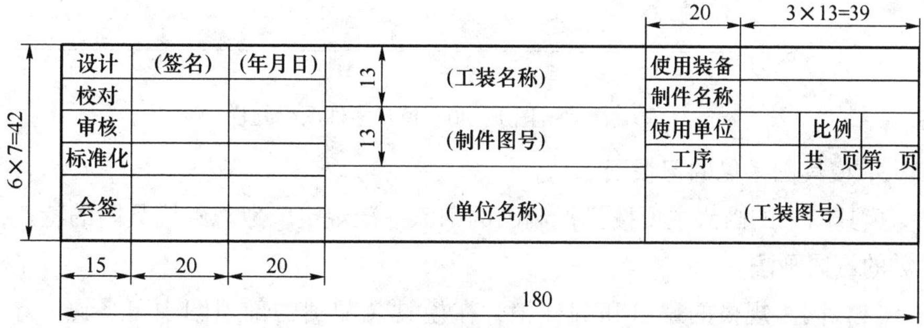 标题栏格式 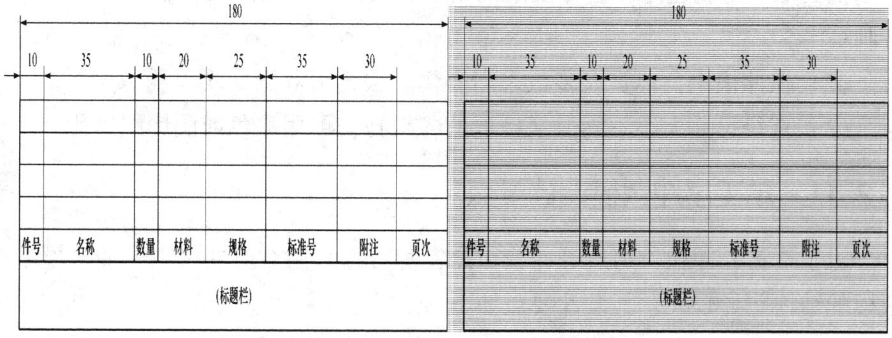 明细表格式

　　绘制模具装配图时，一般先按比例勾绘出装配草图，经仔细检查无误后，再画正规的装配图。模具装配图中的内容并非一成不变，在实际设计中可根据具体情况，允许做出相应的增减。

2. 模具零件图

　　模具零件图是模具加工的重要依据，一般根据模具装配图来拆画零件图。模具装配图中的非标准零件均需画出零件图。当标准零件需要补加工（如上、下模座上的螺孔、销孔等）较复杂时，也需画出零件图。

绘制模具零件图时应符合如下要求。

（1）视图要完整，宜少勿多，以能将零件结构表达清楚为限。

（2）零件的尺寸标注要齐全、合理、符合国家标准。设计基准的选择应尽量考虑制造的要求，以避免基准不重合造成的误差。零件图的方位应尽量按其在装配图中的方位画出。

（3）制造公差、形位公差、表面粗糙度及技术要求等选用要适当，既要满足模具加工质量要求，又要考虑降低模具制造成本。

（4）模具零件图常用一种小标题栏的形式，如图 1 - 40 所示。需注明所用材料、热处理要求等。

件号	名称	数量	材料	附注	比例	第 页
					(图号)	

图 1 - 40　模具零件图标题栏

3. 模具图常见的习惯画法

模具图中的画法主要按机械制图的国家标准规定，考虑到模具图的特点，允许采用一些常见的习惯画法。

（1）同一规格的螺钉和圆柱销，在模具装配图的剖视图中可各画一个，引一个件号，当剖视图中不易表达时，也可以俯视图中引出件号。当剖切位置比较小时，螺钉和圆柱销可各画一半。

（2）在冲模中，弹簧大多数采用简化画法，用双点划线表示。

（3）直径尺寸大小不同但又接近的各组孔，可用涂色或阴影线区别。

1.2.11　单工序冲裁模设计要点

对于落料、冲孔、切边等冲裁工序，都可以采用对应的单工序冲裁模来完成。单工序冲裁模的结构差异较大，其设计要点如下。

（1）为操作方便，尽量采用正装下漏料结构的模具，即工件或废料通过工作台的垫板孔落下。当工件较大受垫板孔尺寸限制时，可考虑在上模部分设计推件装置；当工件平整度要求较高时，可考虑在下模部分设计弹顶装置，将落料件弹顶到模具工作面上。

（2）卸料力较大或材料较厚时，宜采用刚性卸料装置；卸料力较小或材料较薄时，宜采用弹性卸料装置。有特殊需要时，可采用带导向的卸料板。

（3）较长的条料送进时，尽量采用承料板作为支承。模具应有足够的送料和取放件的安全空间。

（4）为便于模具安装和使用，尽量采用导柱式模具。

1.3 项目实施

1.3.1 连接片的工艺性分析

连接片的工序图如图 1 – 1 所示。连接片的材料为 08 号钢，料厚为 1.0 mm，中批量生产。该制件的加工只涉及落料一道工序。

对于此制件最小圆角半径可查表 1 – 1，外转接圆角为 $0.3t$，内转接圆角为 $0.35t$，工序图上给出的未注圆角 $R0.5$ 满足要求。

制件上凹槽的宽度 $b = 3$ mm，大于 $1.5t$。

图中尺寸公差均为未注公差，可按公差等级 IT14 设置，公差分别为 $16_{-0.43}^{0}$ mm、$30_{-0.52}^{0}$ mm、$3_{0}^{+0.25}$ mm、(6 ± 0.15) mm（满足公差入体原则）。

经上述分析，冲压件的工艺性良好。

1.3.2 确定工艺方案和模具结构

对于这种形状简单的小型冲裁件，常用模具结构是最典型的导柱式单工序冲裁模具，如图 1 – 6 所示。此模具采用后侧导柱模架、正装结构、挡料销定位、弹性卸料、下出料方式。

1.3.3 工艺计算及相关选择

1. 排样设计

（1）为保证冲裁件质量，排样方式采用有废料直排。

（2）搭边值。查表 1 – 9，最小工艺间距为 1.2 mm，可取 $a_1 = 1.5$ mm；最小工艺边距为 1.5 mm，可取 $a = 2.0$ mm。

（3）送料步距。$A = D + a_1 = 16 + 1.5 = 17.5$（mm）

（4）条料宽度。要求手动送料，使条料紧贴一侧挡料销。查表 1 – 12 可以确定条料宽度的下料偏差为 $\Delta = 0.5$ mm。

$$B = (L + 2a + \Delta)_{-\Delta}^{0} = (30 + 2 \times 2.0 + 0.5)_{-0.5}^{0} = 34.5_{-0.5}^{0}(\text{mm})$$

（5）材料利用率（板料规格 710 mm × 1 420 mm）。

① 板料纵裁利用率。

条料数量：

$$n_1 = 710/34.5 = 20(\text{条}) \quad \text{余 } 20 \text{ mm}$$

每条零件数量：

$$n_2 = (1\,420 - 1.5)/17.5 = 81(\text{个}) \quad \text{余 } 1.0 \text{ mm}$$

每张板料可冲零件总数：

$$n = 20 \times 81 = 1\,620(\text{个})$$

一张板料总的材料利用率：

$$\eta = \frac{nS}{710 \times 1\,420} = \frac{1\,620 \times 434.48}{710 \times 1\,420} \times 100\% \approx 69.81\%$$

② 板料横裁利用率。

条料数量：

$$n_1 = 1\,420/34.5 = 41(条)　余5.5\ mm$$

每条零件数量：

$$n_2 = (710 - 1.5)/17.5 = 40(个)　余8.5\ mm$$

每张板料可冲零件总数：

$$n = 41 \times 40 = 1\,640(个)$$

一张板料总的材料利用率：

$$\eta = \frac{nS}{710 \times 1\,420} = \frac{1\,640 \times 434.48}{710 \times 1\,420} \times 100\% \approx 70.68\%$$

因此，板料采用横裁的方式时，材料的利用率高。

（6）绘制排样图。连接片排样图如图1 – 41所示。

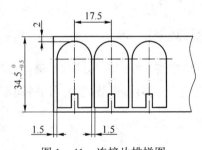

图1 – 41　连接片排样图

2. 计算冲裁工艺力，选择压力机

连接片落料模采用弹性卸料装置和下出料方式，根据表1 – 14得冲裁总工艺力为

$$F_{总} = F_{冲} + F_{卸} + F_{推}$$

经计算，连接片的轮廓周长为97.132 7 mm（对于形状复杂的冲压件，可利用CAD软件查询其周长），材料08号钢的抗拉强度查附录A可取 $\sigma_b = 400$ MPa。查表1 – 13，卸料力系数为 $K_{卸} = 0.05$，推件力系数为 $K_{推} = 0.055$，则：

冲裁力　　$F_{冲} = Lt\sigma_b = 97.132\,7 \times 1.0 \times 400 = 38\,853.08(N) \approx 38.85(kN)$

卸料力　　　　　　$F_{卸} = K_{卸}\,F_{冲} = 0.05 \times 38.85 \approx 1.94(kN)$

推件力 $F_{推} = n\,K_{推}F_{冲} = 5 \times 0.055 \times 38.85 \approx 10.68(kN)$（凹模刃口深度初步定为6 mm）

冲裁总工艺力 $F_{总} = F_{冲} + F_{卸} + F_{推} = 38.85 + 1.94 + 10.68 = 51.47(kN)$

根据压力机的公称压力 $F_{设} \geqslant 1.2F_{总}$ 的原则，初步选择开式可倾压力机，型号为J23 – 16，其公称压力为160 kN；最小装模高度为135 mm，最大装模高度为180 mm；模柄孔直径为40 mm，孔深为60 mm。

3. 确定压力中心

建立如图1 – 42所示的坐标系，由于连接片上下对称，即 $y_c = 0$，故只需计算 x_c 即可。将制件冲裁周边分成 l_1、l_2、l_3、l_4、l_5 基本线段，求出各段长度及各段中心位置：

$l_1 = 6.5$ mm、$l_2 = 22$ mm、$l_3 = 25.12$ mm、$l_4 = 6$ mm、$l_5 = 3$ mm

$x_1 = 0$ mm、$x_2 = 11$ mm、$x_3 = 27.1$ mm、$x_4 = 3$ mm、$x_5 = 6$ mm

$$x_c = \frac{2l_1 x_1 + 2l_2 x_2 + l_3 x_3 + 2l_4 x_4 + l_5 x_5}{2l_1 + 2l_2 + l_3 + 2l_4 + l_5}$$

$$= \frac{2 \times 6.5 \times 0 + 2 \times 22 \times 11 + 25.12 \times 27.1 + 2 \times 6 \times 3 + 3 \times 6}{2 \times 6.5 + 2 \times 22 + 25.12 + 2 \times 6 + 3}$$

$$= 12.55 \ (\text{mm})$$

$$\approx 13 \ (\text{mm})$$

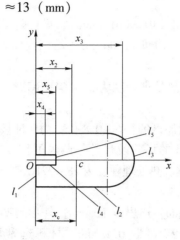

图 1 – 42 连接片压力中心

4. 确定冲裁间隙

查表 1 – 15 得冲裁间隙 $Z_{\min} = 0.10$ mm。

5. 确定凸、凹模刃口尺寸

凸、凹模采用配作加工法，型面采用线切割加工，基准件凹模磨损后：

增大的尺寸 $a_1 = 16_{-0.43}^{0}$ mm、$a_2 = 30_{-0.53}^{0}$ mm；

减小的尺寸 $b = 3_{0}^{+0.25}$ mm；

不变的尺寸 $c = (6 \pm 0.15)$ mm。

查表 1 – 18 得磨损系数 x，对于尺寸 30 mm 和 16 mm，$x = 0.5$；对于尺寸 3 mm 和 6 mm，$x = 0.75$。

落料凹模的基本尺寸计算如下（计算公式见表 1 – 20）：

$$A_{凹1} = (a_{1\max} - x\Delta)_{0}^{+\frac{1}{4}\Delta} = (16 - 0.5 \times 0.43)_{0}^{+\frac{0.43}{4}} = 15.785_{0}^{+0.11} \ (\text{mm})$$

$$A_{凹2} = (a_{2\max} - x\Delta)_{0}^{+\frac{1}{4}\Delta} = (30 - 0.5 \times 0.52)_{0}^{+\frac{0.52}{4}} = 29.74_{0}^{+0.13} \ (\text{mm})$$

$$B_{凹} = (b_{\min} + x\Delta)_{-\frac{1}{4}\Delta}^{0} = (3 + 0.75 \times 0.25)_{-\frac{0.25}{4}}^{0} = 3.19_{-0.07}^{0} \ (\text{mm})$$

$$C_{凹} = c \pm \frac{1}{8}\Delta = 6 \pm \frac{0.3}{8} = (6 \pm 0.04) \ (\text{mm})$$

落料凸模刃口按凹模实际尺寸减冲裁间隙配作，保证单边间隙为 0.05 mm。

1.3.4 主要零部件设计与选择

1. 凹模

凹模采用整体式，刃口高度一般为 4 ~ 10 mm，这里取 6 mm。

根据式（1 – 17）得凹模厚度 $H_凹 = Kb$（一般应 ≥ 15 mm），查表 1 – 23 得厚度系数 $K = 0.35$，则 $H_凹 = 0.35 \times 30 = 10.5$（mm），这里可取 $H_凹 = 20$ mm。

根据式（1 – 18）得凹模壁厚 $c = (1.5 ~ 2) H_凹$（一般应 ≥ 30 ~ 40 mm），这里可取 $c = 40$ mm 左右。

凹模长度 $L = 30 + 2c = 30 + 2 \times 40 = 110$（mm），设计时可取 120 mm；凹模宽度 $B = 16 + 2c = 16 + 2 \times 40 = 96$（mm），设计时可取 100 mm。故凹模周界可取 $\phi 120$ mm（凹模外形尺寸在 200 mm 以下时一般选圆形）。

凹模材料选常用的 T10A，热处理硬度为 58 ~ 64HRC。

2. 凸模固定板

凸模固定板厚度一般为凹模厚度的 0.6 ~ 0.8 倍，为保证模具闭合高度，这里可取 20 mm，外形与凹模一致，凸模固定型孔的形状及尺寸按凸模配作，单边过盈可参考 H7/m6 配合选 0.01 mm。材料选常用的 45 号钢，热处理硬度为 28 ~ 32HRC。

3. 卸料板

卸料板厚度一般为 8 ~ 20 mm，这里取 10 mm，外形与凹模一致，型孔的形状及尺寸按凸模配作，单边间隙查表 1 – 27 可取 0.1 mm。材料选常用的 45 号钢，热处理硬度为 43 ~ 48HRC。

4. 凸模

凸模采用直通式，可与固定板压入固定，它的长度与固定板和卸料板的厚度有关。固定板与卸料板之间的距离初选 15 mm，凸模进入凹模深度初选 1 mm。

根据模具结构凸模长度初步定为 20 + 15 + 10 + 1 + 1 = 47（mm）。

凸模材料选常用的 T10A，热处理硬度为 56 ~ 62HRC。

5. 垫板

垫板厚度一般为 5 ~ 15 mm，这里取 10 mm，外形与凹模一致。材料选常用的 45 号钢，热处理硬度为 43 ~ 48HRC。

6. 定位方式

落料模条料一般都采用固定挡料销定位，采用手动送料，使条料紧贴一侧挡料销。这里查阅相关标准，选 A 型固定挡料销：挡料销 A8 × 4 × 3 JB/T 7649.10—2008。

7. 卸料弹簧

一般根据卸料力、模具工作行程和模具结构选择卸料弹簧。

（1）卸料力 $F_卸 = 1.94$ kN，若设置 4 个弹簧，则每个弹簧的预紧力为

$$P_预 = F_卸 / 4 = 1.94 \times 1\ 000 / 4 = 485 (N)。$$

（2）查阅有关卸料弹簧标准，初步选用弹簧 M25 × 63 JB/T 6653—2013。其具体参数如下：安装窝孔直径为 $D_{min} = 25$ mm，自由高度为 $H_0 = 63$ mm，弹簧规定变形量为 $F_{28} = 17.6$ mm，规定负荷为 $P_{28} = 960$ N。

（3）画出弹簧的压力曲线如图 1 – 43 所示。按比例找出当纵坐标为 485 N 时，在横坐标相当于 8.89 mm，即弹簧预紧量 $F_预 = 8.89$ mm，可选 9 mm。

（4）校核。安装时，一般卸料板比刃口高1 mm左右；工作时，凸模进入凹模深度1 mm左右，故工作行程 $F_{工作} = 1.0 + 1 + 1 = 3$（mm）。

弹簧许用压缩量应满足：

$$F_{预} + F_{工作} + F_{修} \leqslant F_{28}$$

则

$$F_{修} = F_{28} - F_{预} - F_{工作}$$
$$= 17.6 - 9 - 3$$
$$= 5.6（mm）（可以满足需要）$$

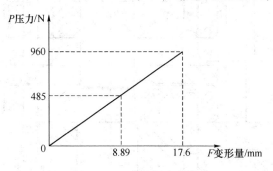

图1-43 弹簧压力曲线

弹簧安装长度（$H_0 - F_{预}$）为54 mm，满足模具结构要求。所以，所选弹簧 M25×63 是合适的。

8. 选择标准模架

一般根据凹模周界选择标准模架。这里初步选择模架为：滑动导向模架 后侧导柱125×125×120~150 Ⅰ GB/T 2851—2008。最小闭合高度为120 mm，最大闭合高度为150 mm；上模座厚为30 mm，下模座厚为35 mm。

1.3.5 校核模具闭合高度

初步确定模具闭合高度为：$H = 30 + 10 + 20 + 15 + 10 + 1.0 + 20 + 35 = 141$（mm），在模架闭合高度 120~150 mm 内。

与压力机装模高度 135~180 mm 进行校核，模具闭合高度也在压力机的装模高度范围内。

1.3.6 绘制连接片落料模具装配图

按已经确定的模具结构形式及相关参数，参考表1-30所示的模具装配图的绘制要求，绘制连接片落料模具装配图，如图1-44所示。绘制装配图时可根据具体情况对一些结构尺寸进行适当调整。

1.3.7 绘制连接片落料模具零件图

根据模具装配图，参考模具零件图的绘制要求，绘制模具非标准零件的零件图，如图1-45至图1-49所示。

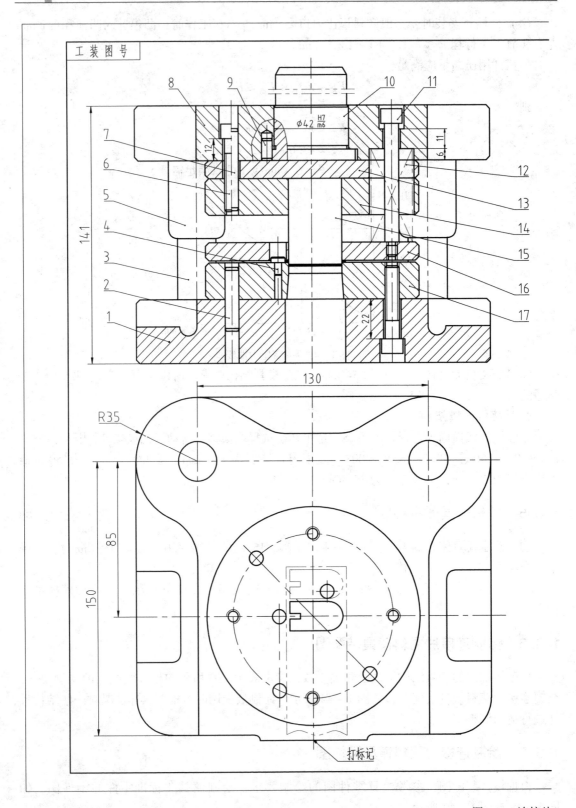

图1-44　连接片

排样图

制件图

压力中心

未注圆角R0.5

制件名称: 连接片
材料: 08号钢
料厚: 1.0

模架选用: 滑动导向模架 后侧导柱 125×125×120~150 Ⅰ GB/T2851-2008

17	凹模	1	T10A			HRC58~64	2
16	卸料板	1	45			HRC43~48	5
15	凸模	1	T10A			HRC56~62	3
14	固定板	1	45			HRC28~32	4
13	垫板	1	45			HRC43~48	6
12	卸料弹簧	4		M25×63	JB/T6653		
11	卸料螺钉	4		M8×65	JB/T7650.6		
10	模柄	1		A40×90	JB/T7646.1		
9	防转销	1		φ6×12	GB/T119.2		
8	上模座	1			GB/T2855.1		
7	圆柱销	2		φ8×45	GB/T119.2		
6	内六角螺钉	8		M8×40	GB/T70.1		
5	导套	2			GB/T2861.3		
4	固定挡料销	3		A8×4×3	JB/T7649.10		
3	导柱	2			GB/T2861.1		
2	圆柱销	2		φ8×35	GB/T119.2		
1	下模座	1			GB/T2855.2		
件号	名 称	数量	材料	规 格	标 准 号	附 注	页次

设计		连接片落料模	使用设备	J23-16	
校核			制件名称	连接片	
审核		(制件号)	使用单位 冲压	比例	1:1
标准化			工序 1	共6页第1页	
会签		(单 位)	(工装图号)		

落料模具装配图

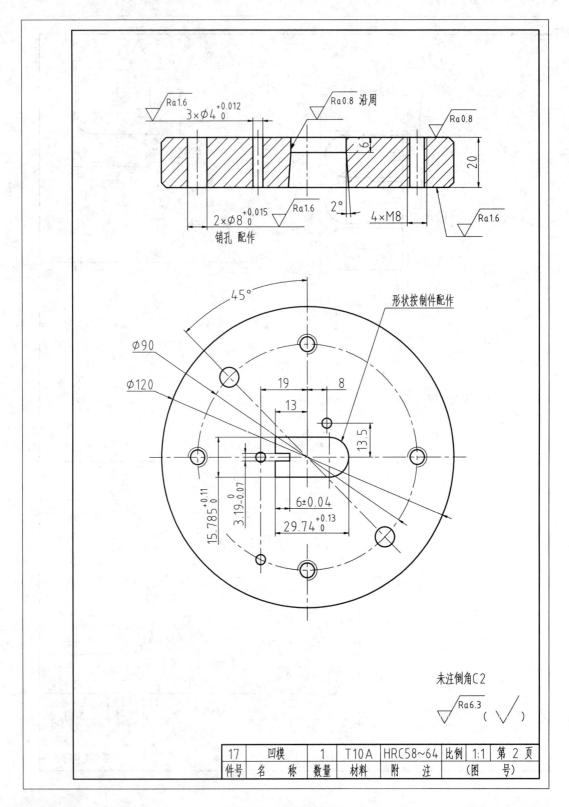

17	凹模	1	T10A	HRC58~64	比例 1:1	第 2 页
件号	名　　称	数量	材料	附　注		(图　号)

图 1-45　凹模零件图

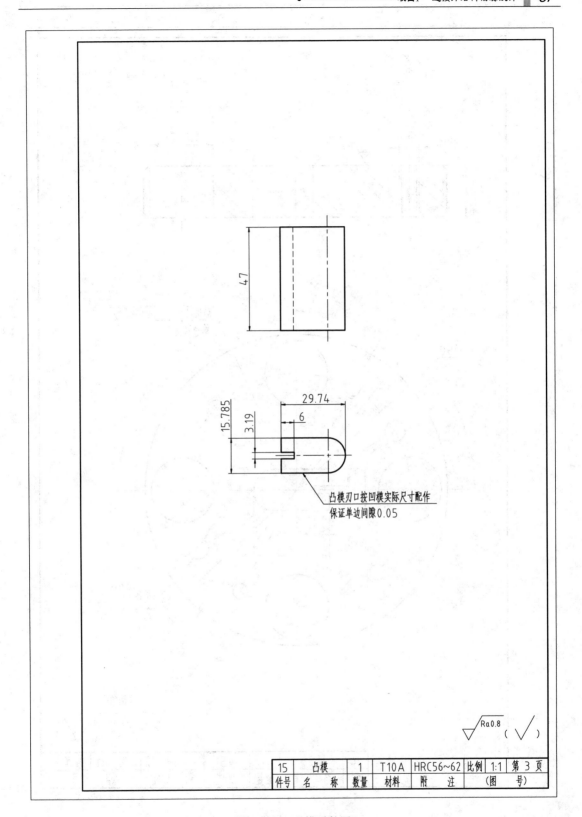

图 1-46 凸模零件图

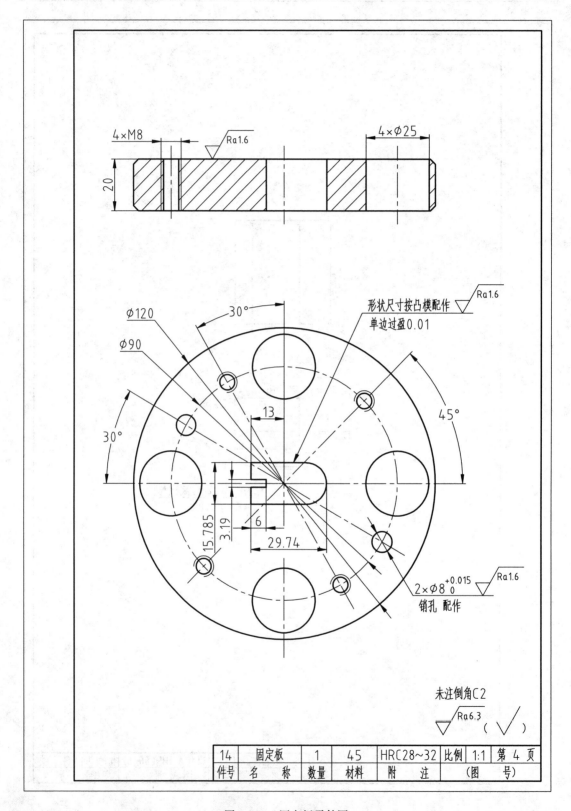

图 1-47　固定板零件图

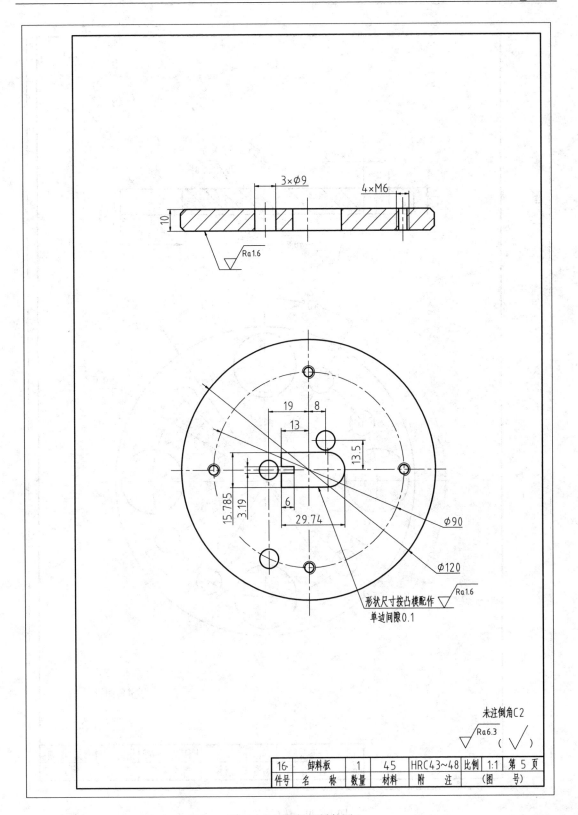

图1-48 卸料板零件图

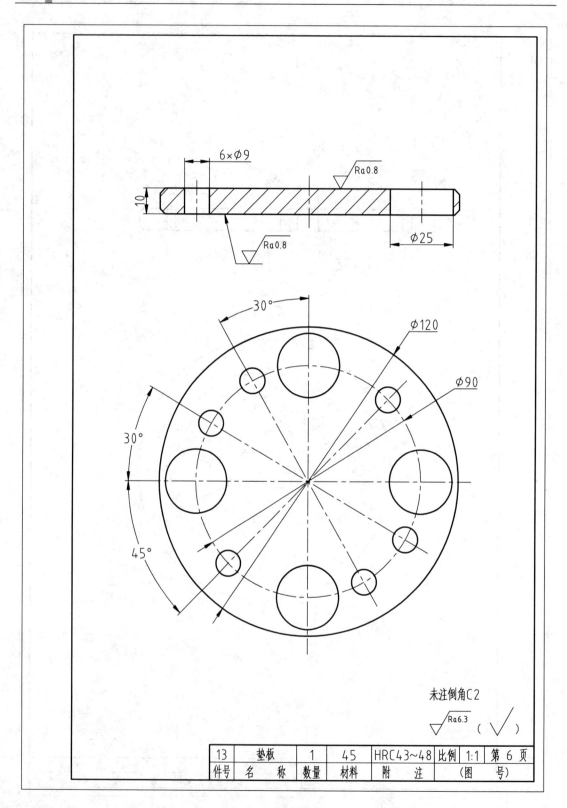

13	垫板	1	45	HRC43~48	比例	1:1	第 6 页
件号	名　称	数量	材料	附　注		(图　号)	

图 1 -49　垫板零件图

1.4 单工序冲裁模具结构拓展

1.4.1 导板式落料模具典型结构

如图 1–50 所示为导板式简单落料模。导板（6）主要为凸模（5）导向，二者为间隙配合，配合间隙必须小于冲裁间隙，一般采用 H7/h6。冲裁过程中要求凸模与导板始终不分开，以保证导向精度。同时导板还起卸料作用。

导板式落料模结构简单，安装容易，安全性好。但由于导板与凸模配合精度要求高，制造时常需采用配作加工，特别是冲裁间隙小时，导向精度不易保证，另外，要求冲压设备行程要小（一般不大于 20 mm），以保证工作时凸模始终不脱离导板。

此类模具主要适用于冲裁材料较厚（$t \geq 0.5$ mm）、形状不太复杂、精度要求不高的中小型工件。

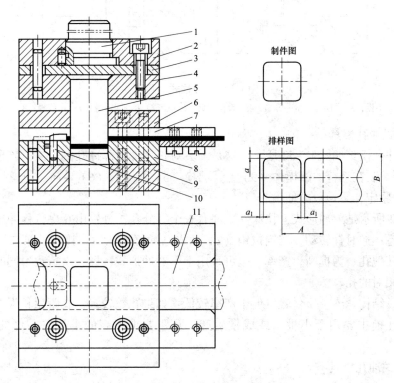

图 1–50 导板式落料模

1—模柄；2—上模座；3—垫板；4—固定板；5—凸模；
6—导板；7—导料板；8—凹模；9—下模座；10—挡料销；11—承料板

1.4.2 冲孔模具典型结构

1. 导柱式冲孔模具

导柱式冲孔模具是典型的冲孔模，如图 1–51 所示。采用弹性卸料装置和下漏料方式的正装结构。该模具与典型的落料模结构相似，只是需解决半成品毛坯在模具上的定位问题，以及取放件方便的问题。

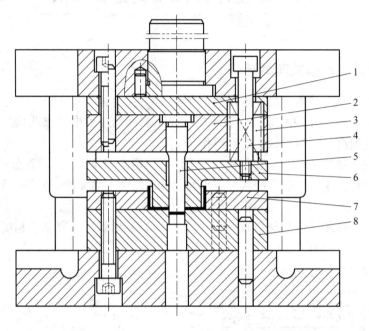

图 1-51 导柱式冲孔模

1—垫板；2—固定板；3—弹簧；4—卸料螺钉；5—凸模；6—卸料板；7—定位板；8—凹模

2. 悬臂式冲孔模具

悬臂式冲孔模具如图 1-52 所示，这是一套对拉深件壁部冲孔的模具。该模具的最大特点是凹模（7）装在悬臂的凹模体（9）上，凸模（5）靠导板（6）导向。凸模与上模座（3）用螺钉（4）紧定，更换较方便。

图 1-52 所示是单冲形式，拉深件壁部有 6 个等分孔，分别由 6 次行程冲出。冲完第一个孔后，将毛坯逆时针转动，当定位销（2）插入已冲好的孔后，接着冲第二孔，依次用同样的方法冲其他孔。为提高生产率，也可采用上下对冲形式，即一次行程可同时冲出空心件壁部的两个相对的孔。

这种模具结构紧凑，质量轻，但生产率较低，如果孔数较多，孔距累积误差会较大。因此，这种冲孔模主要用于小批量或成批生产、孔距要求不高的小型空心件的侧壁冲孔或冲槽。

3. 斜楔式冲孔模具

斜楔式水平冲孔模，可以对拉深件壁部两侧同时冲孔，如图 1-53 所示。该模具的最大特点是依靠斜楔（9）把压力机滑块的垂直运动变为滑块（5）的水平运动，从而带动凸模（6）在水平方向上进行冲孔。斜楔的工作角度 α 以 40°~50° 为宜，一般取 40°；若需要较大的冲裁力，α 角也可用 30°；若需要较大工作行程，α 角也可增大到 60°。为保证冲孔位置的准确，凹模体（8）又起定位作用，并且压料板（10）在冲孔之前就把毛坯压紧。凸模与凹模的对准是依靠滑块在导滑槽内滑动来保证的，滑块复位靠弹簧（或橡胶）完成，也可靠斜楔的另一工作斜面来完成。

斜楔式水平冲孔模的侧推力小，结构较复杂，轮廓尺寸较大。如果安装了多个斜楔，可

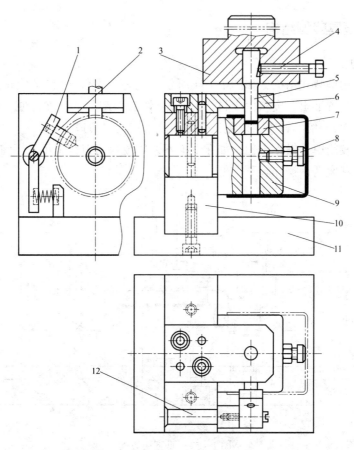

图 1-52 悬臂式冲孔模

1—摇臂；2—定位销；3—上模座；4—螺钉；5—凸模；6—导板；

7—凹模；8—定位螺钉；9—凹模体；10—支架；11—底座；12—摇臂支架

以同时冲多个孔，生产效率相对较高。这种模具主要用于生产批量较大的空心件或弯曲件的侧壁冲孔或冲槽。

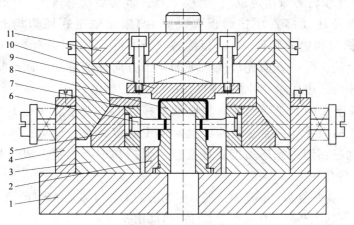

图 1-53 斜楔式冲孔模

1—下模座；2—凹模固定板；3—导滑槽；4—支座；5—滑块；6—凸模；

7—凸模固定板；8—凹模体；9—斜楔；10—压料板；11—上模座

1.4.3 切边模具典型结构

1. 垂直切边模

该模具常采用倒装式结构，如图 1 – 54 所示。毛坯由定位块（7）定位，经切边而成的工件由刚性推件装置推出，废料由废料切刀（2）切断而卸下，清除方便。废料切刀的刃口应低于凸模刃口 3 ~ 5 倍的料厚，以免工作时凹模啃伤切刀刃口。

该模具结构较简单，操作方便。如在下模不采用废料切刀，也可采用弹性卸料装置，但需同时排除工件和废料，操作较不方便。

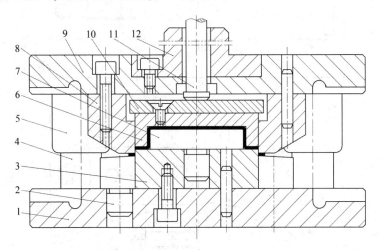

图 1 – 54　垂直切边模

1—下模座；2—废料切刀；3—凸模；4—导柱；5—导套；6—推件块；
7—定位块；8—凹模；9—上模座；10—挡板；11—推杆；12—模柄

2. 水平切边模

水平切边模主要用于切除空心件的口部余边，如图 1 – 55 所示。工作时将毛坯放在顶料芯（8）上（顶料芯兼作定位），上模下行，带动活动芯（9）及凸模（10）插入毛坯内，随即限位柱（15）压住凹模（16），凹模则固定在四边均有凸轮槽的滑块（7）上，凸轮槽与四边的斜楔（6）相接触。当限位柱下压凹模时，凹模及毛坯将一起一方面向下运动，另一方面先后向水平的 4 个方向逐渐移动。而凸模并不做水平移动，从而将毛坯的余边切除。冲裁间隙是由限位柱控制的。

活动芯及滑座（14）是随凹模一起做水平移动的，为保证在不工作时，活动芯与凸模同心，便于插入毛坯内，在滑座的上端面中心位置做一凹坑，并与弹簧压紧的钢珠配合，使活动芯在切边完毕后能正确复位，保持在中心位置。凹模及滑块的回升则靠弹顶器（1）的作用。

水平切边模结构较复杂，制造不方便，但切出的工件口部质量较好。水平切边模还可以利用斜楔作用撑开活动凸模，从而将空心件的口部切齐。

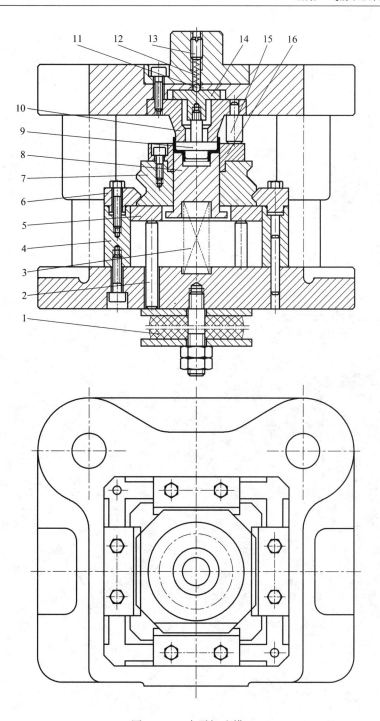

图 1 - 55　水平切边模

1—弹顶器；2—顶杆；3、12—弹簧；4—定位圈；5—滑板；6—斜楔；7—滑块；8—顶料芯；
9—活动芯；10—凸模；11—钢珠；13—螺钉；14—滑座；15—限位柱；16—凹模

|||||||| 项目 2

支架落料、冲孔复合模具设计

> **项目目标:**
> - 了解复合冲裁模具中凸凹模的作用。
> - 掌握复合冲裁模具的典型结构及零部件结构。
> - 能进行中等复杂程度的复合冲裁模具设计。

2.1 项目任务

本项目的载体是支架,这是某汽车上的一个零件,图 2 – 1 所示为其第一道冲压工序落料、冲孔的工序图,要求学生完成其落料、冲孔复合模具的设计工作。支架的材料为冷轧钢板 08AL,料厚为 1.2 mm,大批量生产。

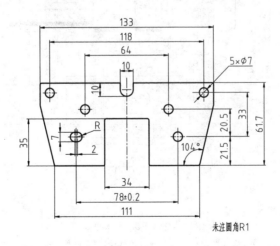

图 2 – 1　支架工序图

本项目任务要求如下。

(1) 能合理分析支架的工艺性。

(2) 能合理确定复合冲裁模具结构、准确进行工艺计算、选择冲压设备及标准件等。

(3) 能准确、完整、清晰地绘制出支架落料、冲孔复合模具装配图。

（4）根据模具装配图拆绘零件图，合理选择冲裁模零件的材料、确定技术要求等。

（5）编写整理设计说明书。

2.2 复合冲裁基础知识链接

2.2.1 复合冲裁模具结构

复合冲裁模具是指在模具的一个位置上同时完成落料与冲孔等多个冲裁工序的模具。它在结构上的主要特征是有一个既为落料凸模又为冲孔凹模的凸凹模。在设计凸凹模时，必须注意各刃口间的最小壁厚问题。

复合冲裁模结构紧凑，生产率高，冲裁件内孔与外形的相对位置精度容易保证。复合模的缺点是结构复杂，制造精度要求高，制造周期长、成本高。复合冲裁模主要适用于大批量生产、精度要求较高的冲裁件。

按凹模位置的不同，复合冲裁模有倒装式和正装式两种。正装复合冲裁模如图2-2所示，冲出的制件较平整，尺寸精度较高，适于平直度要求较高、材料较薄的零件冲裁。但冲裁时冲孔的废料落在下模或条料上，不易清除（尤其孔数较多时），故一般很少采用。

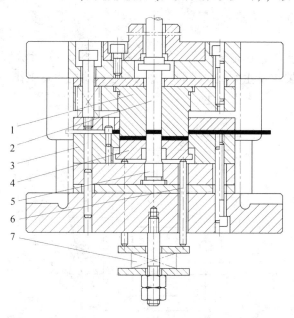

图2-2 正装复合冲裁模

1—凸凹模；2—推件杆；3—凹模；4—顶件块；5—凸模；6—顶杆；7—弹顶器

实际生产中经常采用的是倒装复合冲裁模，如图2-3所示，即落料凹模（16）和冲孔凸模（14）装在上模，凸凹模（18）装在下模。这套模具采用弹性卸料和刚性推件装置，冲孔废料由凸凹模孔直接漏下，余料由卸料板（17）从凸凹模上卸下，冲出的工件位于凹模孔内，利用压力机的打杆装置进行推件，动作可靠，便于操作。但凸凹模内易积存废料，胀力较大，当凸凹模壁厚较小时，可能导致凸凹模破裂。同时由于采用刚性推件装置，导致工件的平直度不高，若要得到平直度较高的工件，则可以考虑采用弹性推件装置，即在上模内设置弹性元件。

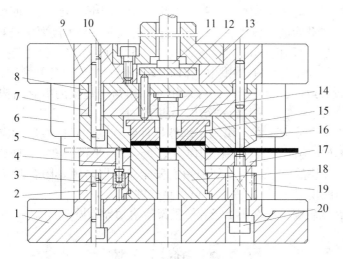

图 2 - 3 倒装复合冲裁模

1—下模座；2—凸凹模固定板；3—弹簧；4—弹簧弹顶挡料销；5—导柱；
6—导套；7—凸模固定板；8—垫板；9—上模座；10—顶杆；11—推杆；
12—顶板；13—模柄；14—冲孔凸模；15—推件块；16—落料凹模；
17—卸料板；18—凸凹模；19—弹簧；20—卸料螺钉

2.2.2 凸凹模

凸凹模是复合模具中非常重要的工作零件，其内外缘均为刃口，同时具有落料凸模和冲孔凹模的作用。从强度方面考虑，其刃口壁厚应受最小值限制。当模具为倒装结构时，内孔易积存废料，胀力大，故最小壁厚应大一些，其经验值如表 2 - 1 所示。当模具为正装结构时，内孔不积存废料，故凸凹模最小壁厚可比倒装的小一些。

表 2 - 1 倒装复合模的凸凹模最小壁厚 δ 单位：mm

料厚 t/mm	最小壁厚 δ	料厚 t/mm	最小壁厚 δ
0.4	1.4	2.8	6.4
0.6	1.8	3.0	6.7
0.8	2.3	3.2	7.1
1.0	2.7	3.5	7.6
1.2	3.2	3.8	8.1
1.4	3.6	4.0	8.5
1.6	4.0	4.2	8.8
1.8	4.4	4.4	9.1
2.0	4.9	4.6	9.4
2.2	5.2	4.8	9.7
2.5	5.8	5.0	10

2.2.3 复合模具设计要点

（1）复合冲裁模具从方便操作和安全性考虑，尽量采用倒装结构（凹模在上，凸凹模在下），以便废料通过工作台的垫板孔落下。当工件材料较薄、平整度要求较高或凸凹模强度较低时，应采用正装结构（凹模在下，凸凹模在上），但此时操作安全程度较差，生产率不高。

（2）凸凹模壁厚较小时，宜选用强度和韧性较好的材料，以免开裂损坏。

（3）若冲件较大或形状较复杂时，可采用薄凹模与中垫板的组合结构，以便节约材料及便于加工；凹模易损部位宜采用镶嵌结构，便于更换。

（4）倒装复合冲裁模大多在上模采用刚性推件装置，此时推板形状应合理，尽量减少对凸模垫板支撑部位的影响。推件块在凹模内上下运动应平稳、灵活，防止损伤凹模直壁刃口和凸模，同时推件块的上下活动空间应留有安全量，以防模具闭合时完全接合而损坏模具。推件块应凸出凹模端面 1 mm 左右，以满足推件要求。

（5）复合模精度较高，应选用 I 级导柱模架或滚动导柱模架。

2.3 项目实施

2.3.1 支架的工艺性分析

支架的工序图如图 2 - 1 所示。支架的材料为冷轧钢板 08AL，料厚为 1.2 mm，大批量生产。该制件的加工涉及落料、冲孔两道工序。

对于此制件最小圆角半径查表 1 - 1，外转接圆角为 0.3t，内转接圆角为 0.35t，工序图上给出的未注圆角 R1 满足要求。

图中尺寸（78 ± 0.2）mm 的公差满足表 1 - 5 中一般冲裁件孔距公差要求，其余尺寸均为未注公差，可按公差等级 IT14 设置，公差分别为 $111_{-0.87}^{0}$ mm、$61.7_{-0.74}^{0}$ mm、$133_{-1.0}^{0}$ mm、$21.5_{-0.52}^{0}$ mm、$34_{0}^{+0.62}$ mm、$10_{0}^{+0.36}$ mm、$7_{0}^{+0.36}$ mm、$\phi 7_{0}^{+0.36}$ mm、（64 ± 0.37）mm、（118 ± 0.435）mm、（10 ± 0.18）mm、（2 ± 0.125）mm、（20.5 ± 0.26）mm、（33 ± 0.31）mm、（35 ± 0.31）mm（满足公差入体原则）。

经上述分析，冲压件的工艺性良好。

2.3.2 确定工艺方案和模具结构

分析支架的结构特点，其冲裁成形工序包括落料和冲孔两个基本工序，可以采用单工序冲裁模，也可以采用复合冲裁模或连续冲裁模。根据支架的生产批量、尺寸精度要求等，选择使用复合模具比较合理。模具结构采用弹簧弹顶挡料销对毛坯进行定位、弹性卸料、上打料、下漏料方式的倒装复合冲裁模结构形式（见图 2 - 3）。

2.3.3 工艺计算及相关选择

1. 排样设计

（1）为保证冲裁件质量，排样方式采用有废料直排。

（2）搭边值。查表 1 - 9，最小工艺间距为 1.2 mm，可取 $a_1 = 1.5$ mm；最小工艺边距为 1.5 mm，可取 $a = 2.0$ mm。

（3）送料步距。$A = D + a_1 = 61.7 + 1.5 = 63.2$（mm）。

（4）条料宽度。要求手动送料，使条料紧贴一侧挡料销。查表 $1-12$ 可以确定条料宽度的下料偏差为 $\Delta = 1.0$ mm。

$$B = (L + 2a + \Delta)_{-\Delta}^{0} = (133 + 2 \times 2.0 + 1.0)_{-1.0}^{0} = 138_{-1.0}^{0}\text{（mm）}$$

（5）材料利用率（板料规格 1 000 mm × 2 000 mm、不考虑结构废料）。

① 板料纵裁利用率。

条料数量：

$$n_1 = 1\,000/138 = 7（条）\quad 余 34 \text{ mm}$$

每条零件数量：

$$n_2 = (2\,000 - 1.5)/63.2 = 31（个）\quad 余 39.3 \text{ mm}$$

每张板料可冲零件总数：

$$n = 7 \times 31 = 217（个）$$

一张板料总的材料利用率：

$$\eta = \frac{nS}{A \times B} = \frac{217 \times 6\,431.16}{1\,000 \times 2\,000} \times 100\% \approx 69.78\%$$

② 板料横裁利用率。

条料数量：

$$n_1 = 2\,000/138 = 14（条）\quad 余 68 \text{ mm}$$

每条零件数量：

$$n_2 = (1\,000 - 1.5)/63.2 = 15（个）\quad 余 50.5 \text{ mm}$$

每张板料可冲零件总数：

$$n = 14 \times 15 = 210（个）$$

一张板料总的材料利用率：

$$\eta = \frac{nS}{A \times B} = \frac{210 \times 6\,431.16}{1\,000 \times 2\,000} \times 100\% \approx 67.53\%$$

因此，板料采用纵裁的方式时，材料的利用率高。

（6）绘制排样图。支架排样图如图 2-4 所示。

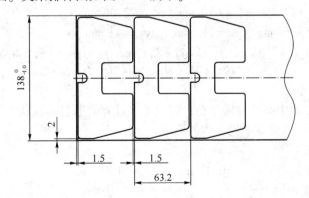

图 2-4　支架排样图

2. 计算冲裁工艺力，选择压力机

该模具采用弹性卸料装置、下漏料方式的倒装复合模结构形式，根据表 $1-14$ 得冲裁总工艺力为

$$F_{总} = F_{落} + F_{孔} + F_{卸} + F_{推}$$

利用 CAD 软件查询，支架的外轮廓周长为 452.7618 mm。对于材料 08AL，可取 $\sigma_b =$ 400 MPa。查表 1 - 13，卸料力系数为 $K_卸 = 0.05$，推件力系数为 $K_推 = 0.055$，则：

$$F_落 = L_落 t\sigma_b = 452.761\ 8 \times 1.2 \times 400 = 217\ 325.664(N) \approx 217.3\ kN$$

$$F_孔 = L_孔 t\sigma_b = 135.95 \times 1.2 \times 400 = 65\ 256(N) \approx 65.26\ kN$$

$$F_卸 = K_卸 F_落 = 0.05 \times 217.3 \approx 10.87(kN)$$

$$F_推 = nK_推 F_孔 = 8 \times 0.055 \times 65.26 \approx 28.71(kN)(凹模刃口深度初步定为 10\ mm)$$

$$F_总 = 217.3 + 65.26 + 10.87 + 28.71 = 322.14(kN)$$

根据压力机的公称压力 $F_设 \geqslant 1.2F_总$ 的原则，初步选择开式可倾压力机，型号为 J23 - 63，其公称压力为 630 kN；最小装模高度为 200 mm，最大装模高度为 280 mm；模柄孔直径为 50 mm、深为 80 mm；垫板孔径为 250 mm。

3. 确定压力中心

建立如图 2 - 5 所示的坐标系，由于支架左右近似对称，即 $x_c = 0$，故只需计算 y_c 即可。将制件冲裁周边分成 l_1，l_2，…，l_{12} 基本线段（圆角忽略），求出各段长度及各段中心位置。

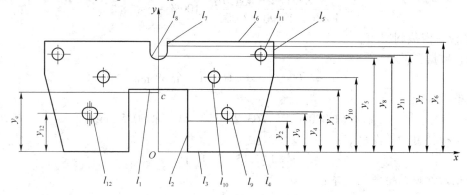

图 2 - 5   支架压力中心

$l_1 = 34$ mm、$l_2 = 35$ mm、$l_3 = 38.5$ mm、$l_4 = 45.47$ mm、$l_5 = 17.58$ mm、$l_6 = 61.5$ mm、$l_7 = 5$ mm、$l_8 = 15.7$ mm、$l_9 = 21.98$ mm、$l_{10} = 21.98$ mm、$l_{11} = 21.98$ mm、$l_{12} = 25.98$ mm

$y_1 = 35$ mm、$y_2 = 17.5$ mm、$y_3 = 0$ mm、$y_4 = 22.06$ mm、$y_5 = 52.91$ mm、$y_6 = 61.7$ mm、$y_7 = 59.2$ mm、$y_8 = 53.52$ mm、$y_9 = 21.5$ mm、$y_{10} = 42$ mm、$y_{11} = 54.5$ mm、$y_{12} = 21.5$ mm

则：$y_c = \dfrac{l_1 y_1 + 2l_2 y_2 + 2l_3 y_3 + 2l_4 y_4 + 2l_5 y_5 + 2l_6 y_6 + 2l_7 y_7 + l_8 y_8 + l_9 y_9 + 2l_{10} y_{10} + 2l_{11} y_{11} + l_{12} y_{12}}{l_1 + 2l_2 + 2l_3 + 2l_4 + 2l_5 + 2l_6 + 2l_7 + l_8 + l_9 + 2l_{10} + 2l_{11} + l_{12}}$

≈ 34.8（mm）

注：此制件的压力中心计算较复杂，可以不经计算而通过估算获得，为方便起见，可取 $y_c = 35$ mm，完全能达到模具平稳工作的要求。

4. 确定冲裁间隙

查表 1 - 15 得冲裁间隙 $Z_{min} = 0.13$ mm，$Z_{max} = 0.16$ mm。

5. 确定凸、凹模刃口尺寸

1）落料

落料凸、凹模采用配作加工法，型面采用线切割加工，基准件为凹模。凹模磨损后：

增大的尺寸 $a_1 = 111_{-0.87}^{0}$ mm、$a_2 = 61.7_{-0.74}^{0}$ mm、$a_3 = 133_{-1.0}^{0}$ mm；

单边增大的尺寸 $a_4 = 21.5_{-0.52}^{0}$ mm；

减小的尺寸 $b_1 = 34_{0}^{+0.62}$ mm、$b_2 = 10_{0}^{+0.36}$ mm；

不变的尺寸　$c_1 = (78 \pm 0.2)$ mm、$c_2 = (64 \pm 0.37)$ mm、$c_3 = (118 \pm 0.435)$ mm、$c_4 = (10 \pm 0.18)$ mm、$c_5 = (35 \pm 0.31)$ mm、$c_6 = (20.5 \pm 0.26)$ mm、$c_7 = (33 \pm 0.31)$ mm。

查表 1-18 得磨损系数 x，对于尺寸 $b_2 = 10^{+0.36}_{0}$ mm，$x = 0.75$；其余尺寸 $x = 0.5$。

落料凹模的基本尺寸计算如下（计算公式见表 1-20）：

$$A_{凹1}(a_{1max} - x\Delta)^{+\frac{1}{4}\Delta}_{0} = (111 - 0.5 \times 0.87)^{+\frac{0.87}{4}}_{0} = 110.565^{+0.218}_{0} \text{ (mm)}$$

$$A_{凹2}(a_{2max} - x\Delta)^{+\frac{1}{4}\Delta}_{0} = (61.7 - 0.5 \times 0.74)^{+\frac{0.74}{4}}_{0} = 61.33^{+0.185}_{0} \text{ (mm)}$$

$$A_{凹3}(a_{3max} - x\Delta)^{+\frac{1}{4}\Delta}_{0} = (133 - 0.5 \times 1.0)^{+\frac{1.0}{4}}_{0} = 132.5^{+0.25}_{0} \text{ (mm)}$$

$$A_{凹4}(a_{4max} - 0.5x\Delta)^{+\frac{1}{8}\Delta}_{0} = (21.5 - 0.5 \times 0.5 \times 0.52)^{+\frac{0.52}{8}}_{0} = 21.37^{+0.065}_{0} \text{ (mm)}$$

$$B_{凹1}(b_{1min} + x\Delta)^{0}_{-\frac{1}{4}\Delta} = (34 + 0.5 \times 0.62)^{0}_{-\frac{0.62}{4}} = 34.31^{0}_{-0.155} \text{ (mm)}$$

$$B_{凹2}(b_{2min} + x\Delta)^{0}_{-\frac{1}{4}\Delta} = (10 + 0.75 \times 0.36)^{0}_{-\frac{0.36}{4}} = 10.27^{0}_{-0.09} \text{ (mm)}$$

$$C_{凹1} = c_1 \pm \frac{\Delta}{8} = 78 \pm \frac{0.4}{8} = (78 \pm 0.05) \text{ (mm)}$$

$$C_{凹2} = c_2 \pm \frac{\Delta}{8} = 64 \pm \frac{0.74}{8} = (64 \pm 0.09) \text{ (mm)}$$

$$C_{凹3} = c_3 \pm \frac{\Delta}{8} = 118 \pm \frac{0.87}{8} = (118 \pm 0.11) \text{ (mm)}$$

$$C_{凹4} = c_4 \pm \frac{\Delta}{8} = 10 \pm \frac{0.36}{8} = (10 \pm 0.045) \text{ (mm)}$$

$$C_{凹5} = c_5 \pm \frac{\Delta}{8} = 35 \pm \frac{0.62}{8} = (35 \pm 0.078) \text{ (mm)}$$

$$C_{凹6} = c_6 \pm \frac{\Delta}{8} = 20.5 \pm \frac{0.52}{8} = (20.5 \pm 0.065) \text{ (mm)}$$

$$C_{凹7} = c_7 \pm \frac{\Delta}{8} = 33 \pm \frac{0.62}{8} = (33 \pm 0.078) \text{ (mm)}$$

落料凸模刃口按落料凹模实际尺寸减冲裁间隙配作，保证单边间隙 0.065 mm。对于 C 类尺寸，标注在凸凹模零件图上。

2）冲孔

（1）冲长圆孔。凸、凹模采用配作加工法，型面采用线切割加工，基准件为凸模。凸模磨损后：

减小的尺寸　$b = 7^{+0.36}_{0}$ mm。

不变的尺寸　$c = (2 \pm 0.125)$ mm。

查表 1-18 得磨损系数 x，对于尺寸 $b = 7^{+0.36}_{0}$ mm 和 $c = 2 \pm 0.125$ mm，$x = 0.75$。

冲长圆孔凸模的基本尺寸计算如下（计算公式见表 1-20）：

$$B_{凸} = (b_{min} + x\Delta)^{0}_{-\frac{1}{4}\Delta} = (7 + 0.75 \times 0.36)^{0}_{-\frac{0.36}{4}} = 7.27^{0}_{-0.09} \text{ (mm)}$$

$$C_{凸} = c \pm \frac{1}{8}\Delta = 2 \pm \frac{0.25}{8} = (2 \pm 0.03) \text{ (mm)}$$

冲长圆孔凹模刃口按冲长圆孔凸模实际尺寸加冲裁间隙配作，保证单边间隙 0.065 mm。

（2）冲圆孔。凸、凹模采用分开加工的方法，基准件为凸模。对于圆孔 $\phi 7^{+0.36}_{0}$ mm，查表 1-18 得磨损系数 $x = 0.5$，查表 1-16 得凸、凹模制造公差都为 0.02 mm。

检验：$\delta_{凸} + \delta_{凹} = 0.02 + 0.02 = 0.04$ （mm）

$$Z_{max} - Z_{min} = 0.16 - 0.13 = 0.03 \quad (mm)$$

因为 $\delta_凸 + \delta_凹 > Z_{max} - Z_{min}$，所以，重新调整凸、凹模制造公差为

$$\delta_凸 = 0.012 \ mm$$

$$\delta_凹 = 0.018 \ mm$$

冲圆孔凸模的基本尺寸计算如下（计算公式见表 1 - 17）：

$$d_凸 = (d + x\Delta)_{-\delta_凸}^{\ 0} = (7 + 0.5 \times 0.36)_{-0.012}^{\ 0} = 7.18_{-0.012}^{\ 0}(mm)$$

$$d_凹 = (d + x\Delta + Z_{min})_0^{+\delta_凹} = (7.18 + 0.13)_0^{+0.018} = 7.31_0^{+0.018}(mm)$$

2.3.4　主要零部件设计与选择

1. 落料凹模

凹模刃口高度这里取 20 mm。凹模采用整体式。

根据式（1 - 17）得凹模厚度 $H_凹 = Kb$（一般应≥15 mm），查表 1 - 23 得修正系数 $K = 0.2$，则 $H_凹 = 0.2 \times 133 = 26.6$ mm，这里可取 $H_凹 = 35$ mm。

根据式（1 - 18）得凹模壁厚 $c = (1.5 \sim 2) H_凹$（一般应≥30 ~ 40 mm），可取 $c = 50$ mm 左右。

凹模长度 $L = 133 + 2c = 133 + 2 \times 50 = 233$（mm），设计时可取 240 mm；凹模宽度 $B = 61.7 + 2c = 61.7 + 2 \times 50 = 161.7$（mm），设计时可取 180 mm。故凹模周界可取 $L \times B = 240$ mm $\times 180$ mm。

凹模材料选常用的 Cr12，热处理硬度为 58 ~ 64HRC。

2. 冲孔凸模固定板

凸模固定板厚度一般为凹模厚度的 0.8 ~ 1.0 倍，这里取 25 mm，外形与凹模一致。圆凸模固定型孔与凸模常采用 H7/m6 配合；长圆凸模固定型孔的形状及尺寸按凸模配作，单边过盈可参考 H7/m6 配合选为 0.007 mm。材料选 Q235。

3. 垫板

垫板厚度一般为 8 ~ 20 mm，这里取 15 mm，外形与凹模一致。材料选常用的 45 号钢，热处理硬度为 43 ~ 48HRC。

4. 冲孔凸模

长圆凸模采用直通式，圆凸模采用台阶式，与固定板压入固定。它们的长度与固定板和凹模厚度有关。

凸模长度初步定为 25 + 35 = 60（mm）。

凸模材料选常用的 Cr12，热处理硬度为 56 ~ 62HRC。

5. 推件块

推件块应凸出凹模端面 1 mm 左右，这里取推件块高度为 21 mm，外形与凹模一致，单边间隙取 0.05 mm，其上可用螺钉固定一挡板。型孔的形状及尺寸按凸模配作，单边间隙可取 0.05 mm。材料选常用的 45 号钢，热处理硬度为 43 ~ 48HRC。

6. 凸凹模固定板

凸凹模固定板厚度可与凸模固定板厚度一致，取 25 mm，外形与凹模一致，固定型孔的形状及尺寸按凸凹模配作，单边过盈 0.01 mm，材料选 Q235。

7. 卸料板

卸料板厚度一般为 8 ~ 20 mm，这里取 15 mm，外形与凹模一致，型孔的形状及尺寸按凸凹模配作，单边间隙查表 1 - 27 可取 0.15 mm。材料选常用的 45 号钢，热处理硬度

为43~48HRC。

8. 凸凹模

凸凹模外形采用直通式，与固定板压入固定（也可不加固定板，直接用螺钉、销钉固定在模座上），因与模座接触面积较大，故可不加垫板。凸凹模的长度与固定板和卸料板的厚度有关。固定板与卸料板之间的距离初选15 mm，凸凹模进入落料凹模深度初选1 mm。

凸凹模长度初步定为 $25+15+15+1.2+1=57.2$（mm），可取60 mm。

凸凹模材料选常用的Cr12，热处理硬度为58~62HRC。

9. 确定定位方式

落料、冲孔复合模的毛坯一般都采用活动挡料销定位，采用手动送料，要求紧贴一侧挡料销。这里可选弹簧弹顶挡料销 10×30 JB/T 7649.5—2008，其基本尺寸为10 mm，总长为30 mm。

10. 选择卸料弹簧

一般根据卸料力、模具工作行程和模具结构选择卸料弹簧。

卸料力 $F_{卸}=10.75$ kN，若设置6个弹簧，则每个弹簧的预紧力为 $P_{预}=F_{卸}/6=10.75×1\,000/6=1\,791.7$（N）。

查阅有关卸料弹簧标准，初步选用弹簧 M50×63 JB/T 6653—2013。其具体参数如下：安装窝孔直径为 $D_{min}=50$ mm，自由高度为 $H_0=63$ mm，弹簧规定变形量为 $F_{28}=17.6$ mm，规定负荷为 $P_{28}=4\,040$ N，画出弹簧的压力曲线，如图2-6所示。按比例找出当纵坐标为1 791.7 N时，在横坐标相当于7.8 mm，即弹簧预紧量 $F_{预}=7.8$ mm。

对于倒装复合模，安装时卸料板一般比凸凹模刃口高1 mm左右；工作时，凸凹模进入凹模深度1 mm左右，故工作行程 $F_{工作}=1.2+1+1=3.2$（mm），

弹簧许用压缩量应满足 $F_{预}+F_{工作}+F_{修} \leqslant F_{28}$

则：
$$F_{修}=F_{28}-F_{预}-F_{工作}$$
$$=17.6-7.8-3.2$$
$$=6.6（mm）（可以满足需$$
要）

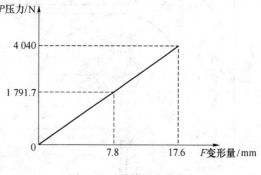

图2-6　弹簧压力曲线

弹簧安装长度（$H_0-F_{预}$）为55.2 mm，满足模具结构要求。

11. 选择标准模架

一般根据凹模周界选择标准模架。这里初步选择模架为：滑动导向模架 后侧导柱250×200×200~240 Ⅰ GB/T 2851—2008。最小闭合高度为200 mm，最大闭合高度为240 mm；上模座厚为45 mm，下模座厚为50 mm。

2.3.5　校核模具闭合高度

初步确定模具闭合高度为：$H=45+15+25+35+60-1+50=229$（mm），在模架闭合高度200~240 mm内。

和压力机装模高度200~280 mm进行校核，模具闭合高度也在压力机的装模高度范围内。

2.3.6　绘制支架落料、冲孔复合模具装配图

按已经确定的模具结构形式及相关参数，参考表1-30所示模具装配图的绘制要求，绘制支架落料、冲孔复合模具装配图，如图2-7所示。

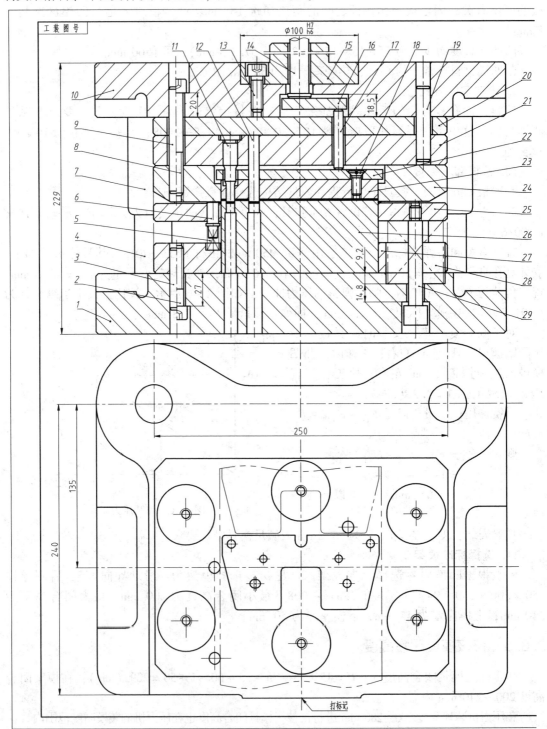

图2-7　支架落料、

排样图   比例1：2

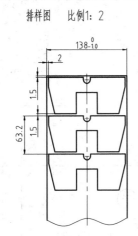

制件图

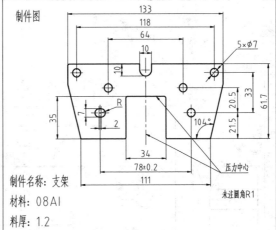

制件名称：支架

材料：08AI

料厚：1.2

模架选用：滑动导向模架 后侧导柱 250×200×200~240 I GB/T2851-2008

件号	名 称	数量	材料	规 格	标 准 号	附 注	页次
29	卸料螺钉	4		M12×70	JB/T7650.6		
28	卸料弹簧	4		M50×63	JB/T6653		
27	凸凹模固定板	1	Q235				10
26	凸凹模	1	Cr12			HRC58~62	4
25	卸料板	1	45			HRC43~48	9
24	凹模	1	Cr12			HRC58~64	2
23	推件块	1	45			HRC43~48	7
22	挡板	1	Q235				8
21	凸模固定板	1	Q235				5
20	垫板	1	45			HRC43~48	6
19	圆柱销	2		Φ12×65	GB/T119.2		
18	开槽沉头螺钉	4		M8×20	GB/T68		
17	顶杆	4		Φ8×50	JB/T7650.3		
16	顶板	1		D80	JB/T7650.4		
15	模柄	1		B50×100	JB/T7646.3		
14	推杆	1		A16×120	JB/T7650.1		
13	内六角螺钉	4		M10×30	GB/T70.1		
12	凸模2	1	Cr12			HRC56~62	3
11	凸模1	5	Cr12			HRC56~62	3
10	上模座	1			GB/T2855.1		
9	圆柱销	2		Φ12×90	GB/T119.2		
8	内六角螺钉	8		M12×85	GB/T70.1		
7	导套	2			GB/T2861.3		
6	弹簧弹顶挡料销	3		10×30	JB/T7649.5		
5	弹簧	3		1.6×12×30	GB/T2089		
4	导柱	2			GB/T2861.1		
3	圆柱销	2		Φ12×50	GB/T119.2		
2	内六角螺钉	4		M12×50	GB/T70.1		
1	下模座	1			GB/T2855.2		

件号	名 称	数量	材料	规 格	标 准 号	附 注	页次

设计		支架落料、冲孔模具		使用设备	J23-63
校核				制件名称	支架
审核		（制件号）		使用单位	冲压	比例	1：1
标准化				工序	1	共10页 第1页
会签		（单 位）		（工装图号）	

冲孔复合模具装配图

2.3.7 绘制支架落料、冲孔复合模具零件图

根据模具装配图，参考模具零件图的绘制要求，绘制模具非标准零件的零件图，如图2-8至图2-16所示。

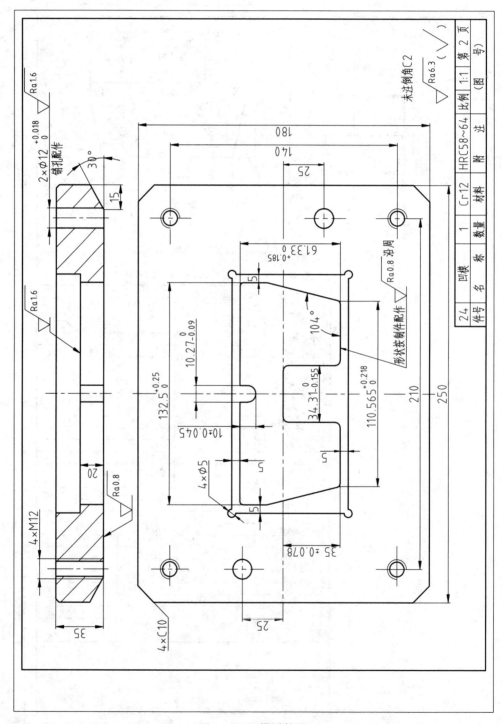

图2-8 凹模零件图

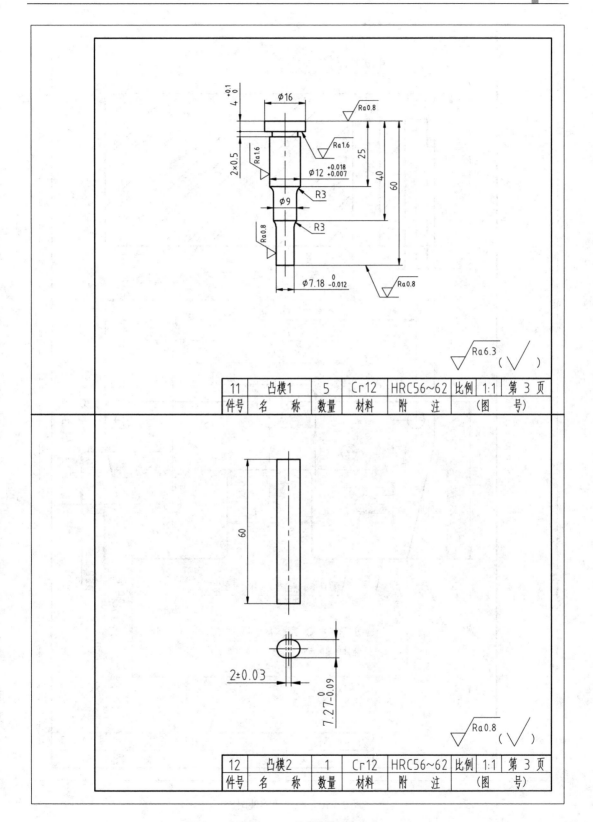

11	凸模1	5	Cr12	HRC56~62	比例 1:1	第 3 页
件号	名　称	数量	材料	附　注	(图	号)

12	凸模2	1	Cr12	HRC56~62	比例 1:1	第 3 页
件号	名　称	数量	材料	附　注	(图	号)

图2-9　凸模零件图

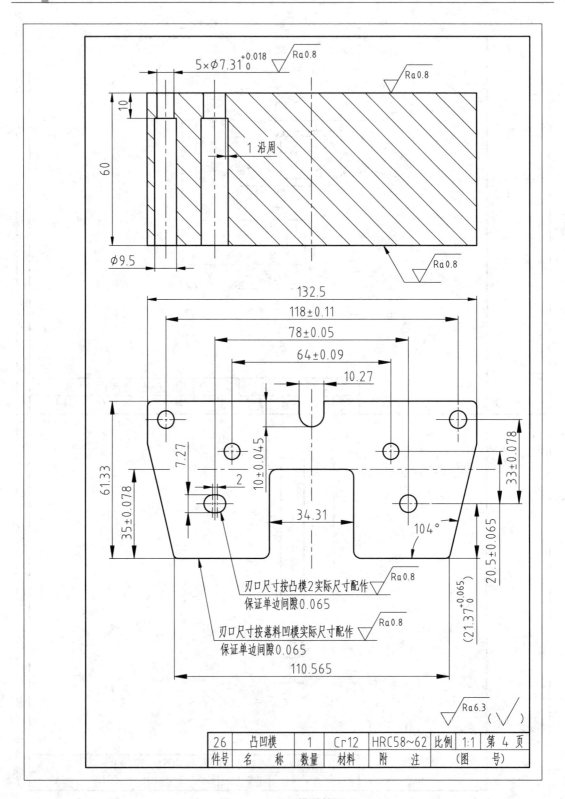

图 2–10　凸凹模零件图

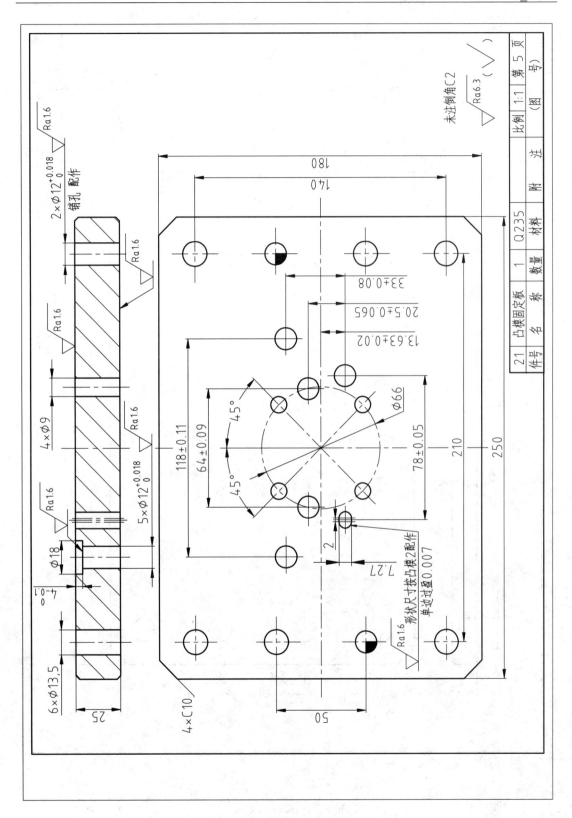

图 2 - 11　凸模固定板零件图

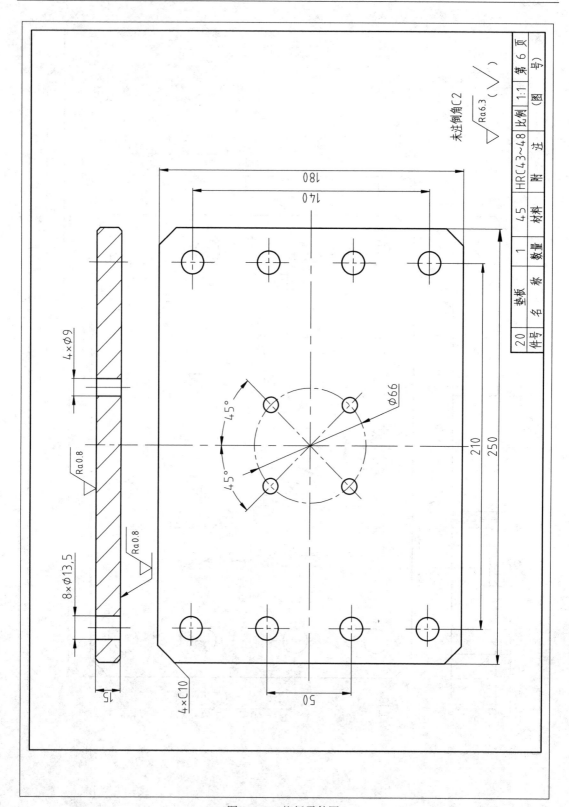

图 2-12 垫板零件图

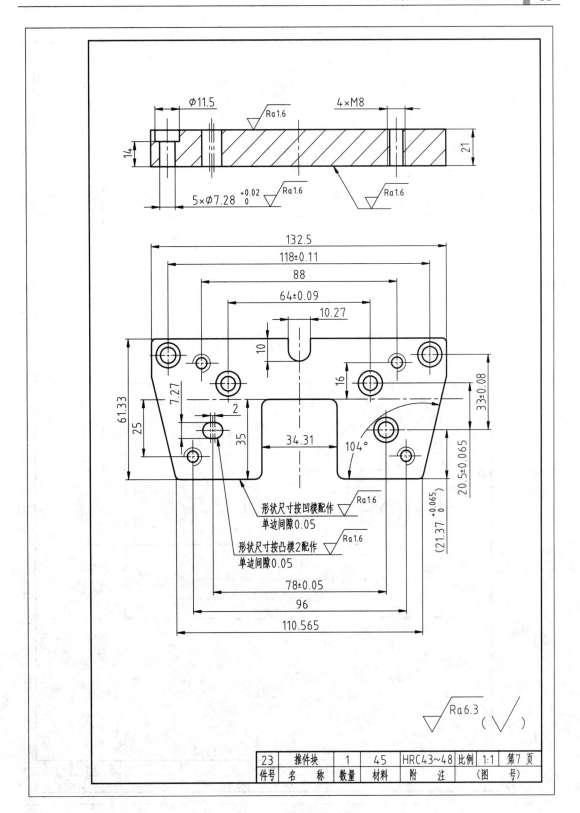

图 2-13 推件块零件图

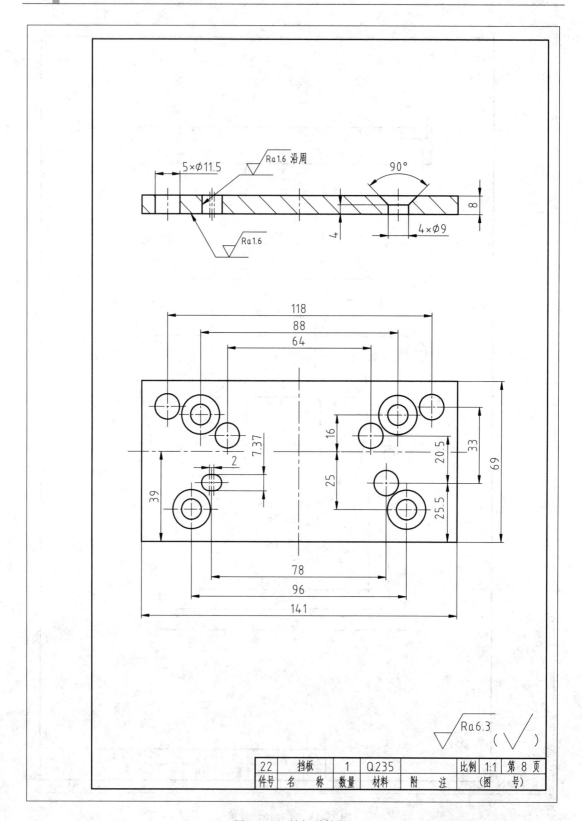

图2－14　挡板零件图

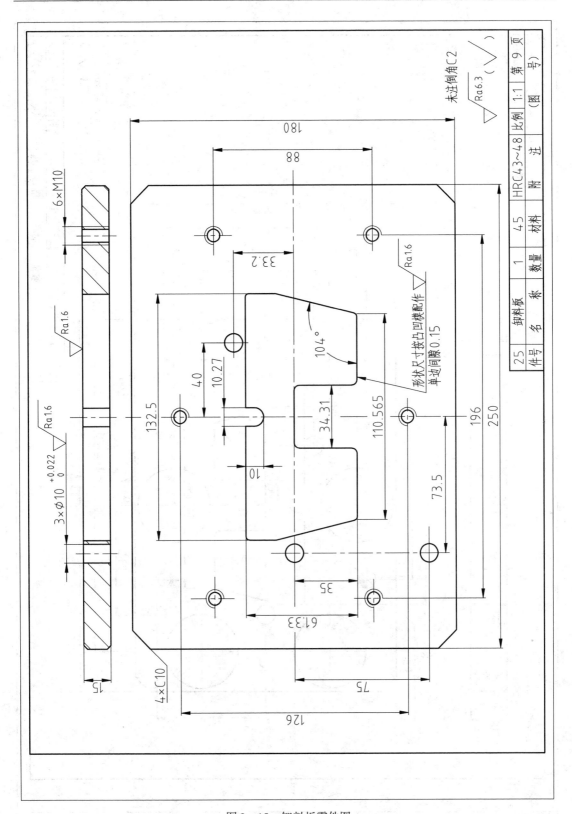

图 2-15 卸料板零件图

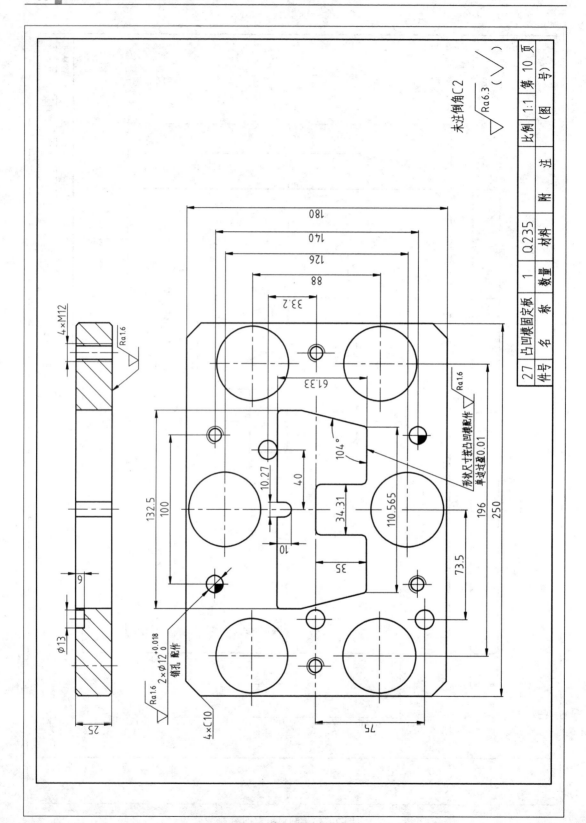

图 2-16　凸凹模固定板零件图

2.4 项目拓展——级进模

2.4.1 级进冲压

级进冲压是工序集中的工艺方法，是在条料的送料方向上按一定的顺序布置两个或两个以上的工位，按一定的程序在压力机的一次行程中，同时完成两道或两道以上的冲压工序。压力机的每一个行程，都有一个制品冲出。

级进模又称连续模，整个工件的冲制是在连续过程中逐步完成的。级进模不但可以完成冲裁工序，还可以完成成形工序，甚至装配工序，许多需要多工序冲压的复杂冲压件可以在一副模具上完全成形，实现高速自动冲压。

采用级进模生产制品，效率高，操作方便，安全可靠，适于制品零件的大批量生产。其缺点是模具结构复杂，制造加工困难，模具成本较高。

在级进模中，由于工位数较多，排样设计及条料或带料的定位问题就显得十分重要，因而，级进模除了应具有普通模具的一般结构外，还应根据要求设置始用挡料销、侧压装置、侧刃及导正销等零部件。

2.4.2 级进模常见结构

1. 导正销定距的级进模

如图 2-17 所示，这是一套采用导正销定距的冲孔落料级进模。冲裁时条料自右向左推进，始用挡料销（16）用于首件定位。第一个冲压行程，冲孔凸模（11）冲孔。第二次冲压送料时，由挡料销（3）作粗定位，由装在落料凸模（6）上的两个导正销（4）插入已冲好的孔进行精定位，落料凸模落料，冲孔凸模又冲出第二个孔。导正销与插入孔的配合应略有间隙，与落料凸模的配合为 H7/r6。以后每一次冲压行程，就冲出一个零件制品。

这种定距方式多用于冲件上有孔，精度要求低于 IT12 级的厚料冲裁，且要求孔径和落料凸模不能太小。

2. 侧刃定距的级进模

如图 2-18 所示，这是一套采用侧刃定距的冲孔落料级进模。侧刃（11）是特殊功用的凸模，在每次冲压行程中，沿条料的边缘冲切出长度等于送料步距的缺口，并以此缺口来控制条料送进的距离。侧刃一般采用两个，并前后对角排列。

这种定距方式定距精度高、可靠，且生产效率较高，多用于精度要求较高的薄料冲裁，但冲压材料的利用率较低。在实际生产中，对于精度要求较高的冲压件或较多工位的级进模，常采用既有侧刃又有导正销的定位方式。

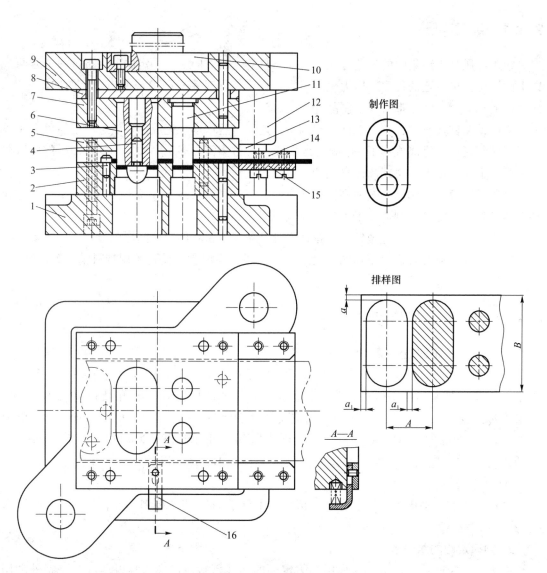

图 2-17   导正销定距的级进模

1—下模座；2—凹模；3—挡料销；4—导正销；5—卸料板；6、11—凸模；7—凸模固定板；
8—垫板；9—上模座；10—模柄；12—导套；13—导柱；14—导料板；15—承料板；16—始用挡料销

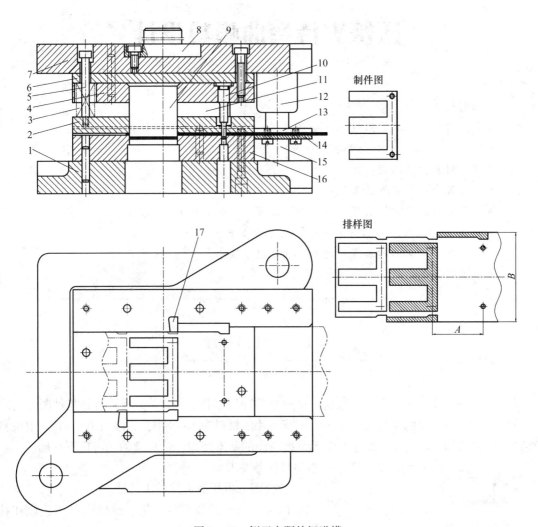

制件图

排样图

图 2-18 侧刃定距的级进模

1—下模座；2—卸料板；3—弹簧；4—凸模固定板；5—卸料螺钉；6—上模座；7—垫板；
8—模柄；9、10—凸模；11—侧刃；12—导套；13—导料板；14—承料板；15—导柱；16—凹模；17—挡块

项目 3

压簧夹片弯曲模具设计

项目目标:
- 了解弯曲变形的基本过程及变形特点。
- 掌握弯曲模具的典型结构及零部件结构。
- 了解弯曲模具的设计流程。
- 能合理分析弯曲件的工艺性。
- 能合理确定弯曲件展开尺寸及凸、凹模工作部分的尺寸。
- 能合理选择压力机、模具结构零件及标准件。
- 能合理选择弯曲模零件的材料,确定技术要求等。
- 能进行简单的弯曲模具设计。

3.1 项目任务

本项目的载体是压簧夹片,这是一个典型的冲压制件,图 3-1 所示为其零件图,要求学生完成其弯曲工序的模具设计工作。压簧夹片的材料为 10 号钢,料厚为 1.0 mm,中批量生产。制件结构比较简单,便于初学者掌握弯曲的基本知识,为后续的学习打下基础。

本项目任务要求如下。

（1）能合理分析压簧夹片的工艺性。

（2）能合理确定弯曲模具结构、准确进行工艺设计计算、选择冲压设备及标准件等。

（3）能准确、完整、清晰地绘制出压簧夹片弯曲模具装配图。

（4）根据模具装配图拆画零件图,合理选择弯曲模零件的材料、确定技术要求等。

（5）编写整理设计说明书。

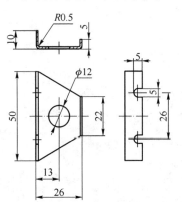

图 3-1　压簧夹片零件图

3.2 弯曲基础知识链接

在冲压生产中，把金属坯料弯折成一定角度或形状的过程，称为弯曲。弯曲时所使用的模具称为弯曲模。

弯曲属于成形工序，在冲压生产中应用较广泛。根据所使用的工具和设备不同，有着不同的弯曲方法，最常用的是在压力机上利用模具进行压弯，此外，也有在专用弯曲设备上进行的折弯、滚弯、拉弯等。下面主要介绍用弯曲模具在压力机上进行压弯的工艺及弯曲模设计。

3.2.1 弯曲变形分析

1. 弯曲变形过程

V形弯曲是最基本的弯曲变形，任何复杂的弯曲都可以看成由多个V形弯曲组成的，所以，这里以V形弯曲为例分析弯曲变形过程。

图3-2所示为板料在V形模内的弯曲过程。在凸模的作用下，毛坯的直边与凹模V形表面逐渐靠紧，同时弯曲内圆角半径与弯曲力臂逐渐减小，由 r_0 变为 r，l_0 变为 l_k。当凸模、毛坯与凹模三者完全压合时，弯曲内圆角半径与弯曲力臂达到最小，此时，弯曲过程结束。

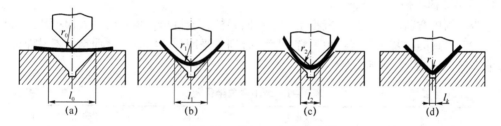

图3-2 弯曲变形过程

弯曲分为自由弯曲和校正弯曲。自由弯曲是指当凸模、毛坯与凹模三者吻合后，凸模不再下压；校正弯曲是指行程终了时，凸模继续下压，使毛坯产生进一步的塑性变形，从而对弯曲件进行校正。

2. 弯曲变形特点

为了分析板料弯曲变形的特点，通常采用网格实验法，如图3-3所示，观察弯曲前后网格的变化情况，就可分析出弯曲变形的特点。

（1）弯曲圆角部分的网格发生了明显的变化，由原来的长方形网格变成了扇形，而直边部分的网格基本没有发生变形，说明弯曲变形主要发生在弯曲中心角 α 范围内，中心角以外的部分基本上不变形。

（2）在变形区内，长、宽、高3个方向都产生了变形，并且变形不均匀。

① 长度方向。网格由长方形变成了扇形，并且弧 aa 的长度小于线段 aa 的长度，弧 bb 的长度大于线段 bb 的长度。可见，靠近凸模的内侧长度缩短，说明内侧受到压缩；靠近凹模的外侧长度伸长，说明外侧受到拉伸。在缩短和伸长的两个变形区之间，必然存在一个层面，其长度在变形前后没有发生变化，这一层面称为中性层，如图3-3中的 O—O 层。

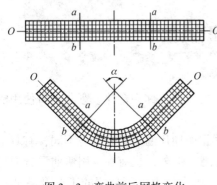

图 3 – 3 弯曲前后网格变化

应注意中性层和中间层的不同。弯曲前中性层与中间层重合，弯曲后中性层发生偏移，与中间层不重合。中性层的长度是计算弯曲件展开长度的依据。

② 厚度方向。由于内侧长度缩短，厚度应增加，但由于凸模紧压坯料，厚度增加较困难，所以，内侧厚度增加较少。由于外侧长度伸长，厚度应变薄，并且变薄量将大于内侧厚度的增加量，因此，材料厚度在弯曲变形区内会变薄，中性层发生内移。

③ 宽度方向。由于内侧长度缩短，宽度应增加；由于外侧长度伸长，宽度应减少。对于宽板（毛坯宽度与厚度之比大于 3）弯曲，材料在宽度方向的变形受到相邻金属的限制，横断面的形状几乎不变，基本保持为矩形；对于窄板（毛坯宽度与厚度之比小于 3）弯曲，宽度方向的变形不受约束，横断面的形状变成外窄内宽的扇形，因此，当弯曲件的侧面尺寸有一定要求或与其他零件有配合要求时，需要增加后续辅助工序。实际生产中的弯曲大部分属于宽板弯曲。

3.2.2 弯曲件的工艺性

1. 最小弯曲半径

弯曲件的内弯曲圆角半径不宜小于最小弯曲半径，若过小，板料的外表面将超过材料的变形极限而出现裂纹甚至弯裂；也不宜过大，否则，受回弹的影响，弯曲精度不易保证。最小弯曲半径 $r_{\min}$ 如表 3 – 1 所示。

表 3 – 1　最小弯曲半径 $r_{\min}$　　　　　　　　　　　　单位：mm

材　料	退火或正火		冷作硬化	
	弯曲方向			
	垂直于纤维	平行于纤维	垂直于纤维	平行于纤维
08、10	$0.1t$	$0.4t$	$0.4t$	$0.8t$
15、20	$0.1t$	$0.5t$	$0.5t$	$1.0t$
25、30	$0.2t$	$0.6t$	$0.6t$	$1.2t$
35、40	$0.3t$	$0.8t$	$0.8t$	$1.5t$
45、50	$0.5t$	$1.0t$	$1.0t$	$1.7t$
55、60	$0.7t$	$1.3t$	$1.3t$	$2.0t$
磷铜	—	—	$1.0t$	$3.0t$
半硬黄铜	$0.1t$	$0.35t$	$0.5t$	$1.2t$
软黄铜	$0.1t$	$0.35t$	$0.35t$	$0.8t$
纯铜	$0.1t$	$0.35t$	$1.0t$	$2.0t$
铝	$0.1t$	$0.35t$	$0.5t$	$1.0t$

续表

材料	退火或正火		冷作硬化	
	弯曲方向			
	垂直于纤维	平行于纤维	垂直于纤维	平行于纤维
65Mn、T7	1.0t	2.0t	2.0t	3.0t
Cr18Ni9	1.0t	2.0t	3.0t	4.0t
硬铝（软）	1.0t	1.5t	1.5t	2.5t
硬铝（硬）	2.0t	3.0t	3.0t	4.0t
镁合金	加热到 300~400℃		冷作状态	
MA1 - M	2.0t	3.0t	6.0t	8.0t
MA8 - M	1.5t	2.0t	5.0t	6.0t
钛合金				
BT$_1$	1.5t	3.0t	6.0t	8.0t
BT$_5$	3.0t	2.0t	5.0t	6.0t
钼合金	加热到 400~500℃		冷作状态	
$t \leqslant 2$	2.0t	3.0t	4.0t	5.0t

注：（1）表中 t 为材料厚度，mm。

（2）当弯曲方向与纤维方向成一定角度时，可采用平行和垂直纤维方向的中间值。

当弯曲件使用上要求其圆角半径必须小于最小弯曲半径时，可采取以下工艺措施加以解决。

（1）采取两次弯曲或加热弯曲。两次弯曲即第一次采用较大的弯曲半径，然后退火，第二次再弯至要求的圆角半径；加热弯曲的方法是提高材料塑性，防止弯裂。

（2）采用压圆角凸肩的方法，如图3-4所示。这种方法主要适用于料厚在1 mm以下的薄料工件。

（3）采用开工艺槽的方法，如图3-5所示。这种方法主要适用于板料较厚的弯曲件，预先沿弯曲变形区开槽，然后再弯曲。

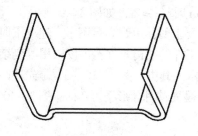

图3-4 压圆角凸肩

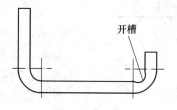

图3-5 开槽后弯曲

2. 直边高度

在进行直角弯曲时，若弯曲件的直边高度过短，则无法保证弯曲件的直边平直。所以，弯曲的直边高度 H 应不小于 2 倍的料厚，即 $H \geqslant 2t$，如图 3-6（a）所示。当弯曲件有斜角时，应使 $H \geqslant (2 \sim 4) t$，如图 3-6（b）所示。

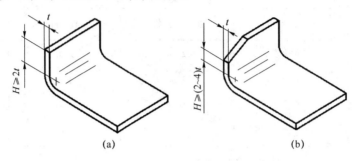

(a)   (b)

图 3-6 弯曲件的直边高度

当弯曲件使用上要求其直边高度 $H < 2t$ 时，可以采取如下措施加以解决。

（1）先增加直边高度，弯曲后再切除多余的部分，如图 3-7 所示。这种方法应用较多，但需增加工序数量，导致成本增加。

（2）先开槽，再弯曲，如图 3-5 所示。在满足弯曲件使用要求的情况下，才可以使用此方法，同时也会导致工序数量的增加。

（3）改变弯曲件的结构，如图 3-8 所示。对于带斜角的弯曲件，在满足使用要求的前提下，可以改变其结构来满足弯曲质量。

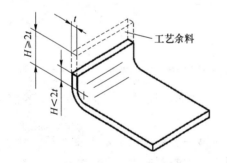

图 3-7 增加直边高度

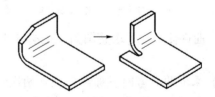

图 3-8 改变弯曲件结构

3. 孔边距

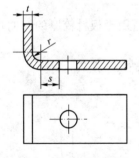

图 3-9 弯曲件的孔边距

当弯曲带孔的工件时，为保证弯曲后孔的形状不发生变化，孔边到弯曲半径 r 中心的距离 s 应满足以下条件：当 $t < 2$ mm 时，$s \geqslant t$；当 $t \geqslant 2$ mm 时，$s \geqslant 2t$，如图 3-9 所示。

当弯曲件使用上要求的孔边距满足不了上述要求时，可以先弯曲后再冲孔。如果工件的结构允许，可以采用改变结构的工艺措施，如图 3-10 所示。其中，图 3-10（a）是先冲凸缘缺口再弯曲；图 3-10（b）是先冲月牙形槽再弯曲；图 3-10（c）是先冲工艺孔再弯曲。

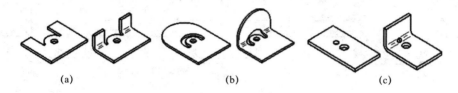

图 3 - 10 防止孔变形的工艺措施

4. 止裂孔、止裂槽

对弯曲件的局部进行弯曲时，为防止尖角处撕裂，应事先在弯曲之前加冲工艺孔或工艺槽。常见结构如图 3 - 11 所示，其中，图 3 - 11 （a）是减小不弯曲部分的长度，使其退到弯曲线之外；如图 3 - 11 （b）、（c）所示，若零件的长度不能减小，则可在弯曲部分与不弯曲部分之间预先冲出工艺槽或工艺孔。

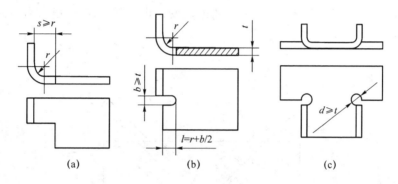

图 3 - 11 止裂孔、止裂槽

5. 连接带、定位工艺孔

对于弯曲变形区附近有缺口的弯曲件，为防止弯曲后出现叉口现象，应先留下叉口部分作为连接带，待弯曲后再切除，如图 3 - 12 所示。

为保证坯料在弯曲模内准确定位，或防止弯曲过程中坯料的偏移，最好利用弯曲件上的已有孔采用定位销定位。对于形状复杂或需多次弯曲的工件，无合适的孔作定位时，可预先在坯料上增添定位工艺孔。

6. 弯曲件的尺寸标注

尺寸标注对弯曲件的工艺性有很大的影响，在不要求弯曲件有一定装配关系时，应尽量考虑冲压工艺的方便来标注尺寸。如图 3 - 13 所示的弯曲件有 3 种尺寸标注方法。当两孔间无装配要求时，应尽量采用图 3 - 13 （a）所示的标注方法，此时两孔可在弯曲前冲出；当两孔间有装配要求时，则必须采用图 3 - 13 （b）所示的标注方法，此时两孔应在弯曲后冲出；采用图 3 - 13 （c）所示的方法标注，两孔也应在弯曲后冲出，但很少应用。

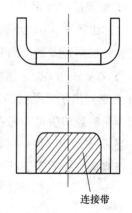

图 3 - 12 带有缺口的弯曲件

7. 弯曲件的精度

一般弯曲件的尺寸精度不高于 IT13 级，弯曲角度公差一般大于 ±15′，设计时可参考有关

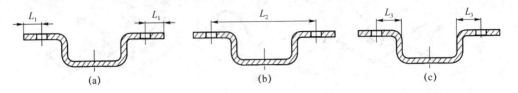

图 3 - 13   弯曲件尺寸标注

标准。若要达到弯曲件精密级的角度公差,必须在工艺上增加校正工序。

3.2.3   弯曲件的回弹

弯曲力消失之后,由于弹性变形的恢复,弯曲零件形状与模具形状并不完全一致,这种现象称为回弹。弯曲件的回弹现象通常表现为两种形式:一是弯曲半径的改变,由回弹前的 $r_凸$ 增大为回弹后的 r;二是弯曲角的改变,由回弹前的 $\theta_凸$ 增大为回弹后的 θ,如图 3 - 14 所示。

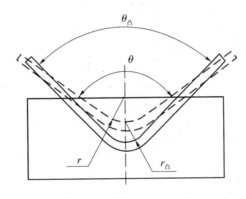

图 3 - 14   弯曲时的回弹

1. 回弹值的确定

实际生产中,由于影响回弹的因素很多,因此,无法精确地确定回弹值,通常采用的方法是,先根据经验数值和简单的计算初步确定回弹值,然后在试模时进行修正。

当 $r/t < 5 \sim 8$ 时,一般只考虑弯曲角度的回弹,回弹值常按经验数值确定。表 3 - 2 和表 3 - 3 分别列出了常见材料的 90°单角自由弯曲和单角校正弯曲时回弹角的经验数值,其他弯曲回弹角的经验值可参考有关手册。

当 $r/t > 5 \sim 8$ 时,一般弯曲回弹值较大,此时要分别计算弯曲半径和弯曲角度的回弹,再在模具调试中修正。凸模圆角半径、弯曲中心角以及弯曲角可按下式计算:

$$r_凸 = \frac{r}{1 + 3\dfrac{\sigma_s r}{Et}} = \frac{1}{\dfrac{1}{r} + \dfrac{3\sigma_s}{Et}} \qquad (3-1)$$

$$\alpha_凸 = \frac{r}{r_凸}\alpha \qquad (3-2)$$

$$\theta_凸 = 180° - \alpha_凸 \qquad (3-3)$$

式中: $r_凸$——凸模圆角半径,mm;

r——弯曲件的内圆角半径，mm；

σ_s——工件材料的屈服极限，MPa；

E——工件材料的弹性模量，MPa；

t——弯曲件的厚度，mm；

$\alpha_凸$——凸模圆角部分中心角；

α——弯曲件圆角部分中心角；

$\theta_凸$——凸模的弯曲角。

表 3 – 2　90°单角自由弯曲回弹角 $\Delta\theta$

材　料	r/t	材料厚度 t/mm		
		≤0.8	0.8 ~ 2	>2
软钢 $\sigma_b = 350$ MPa	≤1	4°	2°	0°
黄铜 $\sigma_b \leqslant 350$ MPa	1 ~ 5	5°	3°	1°
铝和锌	>5	6°	4°	2°
中硬钢 $\sigma_b = 400 \sim 500$ MPa	≤1	5°	2°	0°
硬黄铜 $\sigma_b \leqslant 350 \sim 400$ MPa	1 ~ 5	6°	3°	1°
硬青铜	>5	8°	5°	3°
硬钢	≤1	7°	4°	2°
$\sigma_b > 550$ MPa	1 ~ 5	9°	5°	3°
	>5	12°	7°	6°
	≤2	2°	3°	4°30′
硬铝 LY12	2 ~ 5	4°	6°	8°30′
	>5	6°30′	10°	14°

注：表中 σ_b 为材料抗拉强度。

表 3 – 3　单角校正弯曲回弹角 $\Delta\theta$

材　料	弯曲角 θ			
	30°	60°	90°	120°
08、10、Q195	$\Delta\theta = 0.75\dfrac{r}{t} - 0.39$	$\Delta\theta = 0.58\dfrac{r}{t} - 0.80$	$\Delta\theta = 0.43\dfrac{r}{t} - 0.61$	$\Delta\theta = 0.36\dfrac{r}{t} - 1.26$
15、20、Q215、Q235	$\Delta\theta = 0.69\dfrac{r}{t} - 0.23$	$\Delta\theta = 0.64\dfrac{r}{t} - 0.65$	$\Delta\theta = 0.43\dfrac{r}{t} - 0.36$	$\Delta\theta = 0.37\dfrac{r}{t} - 0.58$
25、30、Q255	$\Delta\theta = 1.59\dfrac{r}{t} - 1.03$	$\Delta\theta = 0.95\dfrac{r}{t} - 0.94$	$\Delta\theta = 0.78\dfrac{r}{t} - 0.79$	$\Delta\theta = 0.46\dfrac{r}{t} - 1.36$
35、Q275	$\Delta\theta = 1.51\dfrac{r}{t} - 1.48$	$\Delta\theta = 0.84\dfrac{r}{t} - 0.76$	$\Delta\theta = 0.79\dfrac{r}{t} - 1.62$	$\Delta\theta = 0.51\dfrac{r}{t} - 1.71$

2. 减小回弹的措施

实际生产中，可以采取一些措施来减小或补偿回弹所产生的误差。常用的方法有补偿法和校正法。

1）补偿法

预先估算或试验出工件弯曲后的回弹量，在设计模具时，使弯曲件的变形量超出原设计的变形，工件回弹后得到所需要的形状，如图 3 – 15 所示。补偿法主要应用于回弹较大的弯曲。

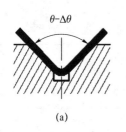 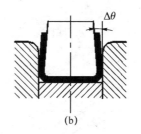 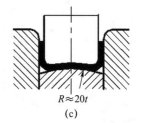

(a)　　　　　　　　　　(b)　　　　　　　　　　(c)

图 3 – 15　补偿法

图 3 – 15（a）、（b）是按预先估算或试验所得的回弹值，在模具上做出补偿角，并选取较小的弯曲间隙；图 3 – 15（c）是将模具底部做成圆弧，利用开模后底部向下的回弹来补偿工件两侧的回弹。

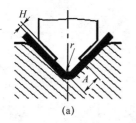 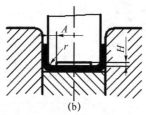

(a)　　　　　　　　(b)

图 3 – 16　校正法

2）校正法

在模具结构上采取措施，同时对弯曲件施加较大的校正力，让校正力集中在弯角处，使其产生一定的塑性变形，克服回弹，如图 3 – 16 所示，图中 $H = (0.08 \sim 0.1) t$，$A = (1.5 \sim 2) t + r$。当变形区材料的校正压缩量为板厚的 2% ~ 5% 时，可得到较好的效果。

3.2.4　弯曲模具的典型结构

弯曲模具的结构主要取决于弯曲件的形状及弯曲工序的安排。下面仅对常见的典型结构进行简单介绍。

1. V 形件弯曲模

V 形件即为单角弯曲件，其形状简单。V 形件的弯曲方法通常有两种：一种是沿着弯曲角的角平分线方向弯曲，称为 V 形弯曲；另一种按垂直于弯曲件一条边的方向弯曲，称为 L 形弯曲。

1）V 形弯曲模

V 形弯曲模的基本结构如图 3 – 17 所示。该模具结构简单，费用低，安装调整方便，对材料厚度公差要求不严，工件回弹较小，平面度较好，是一种用途广、具有代表性的弯曲模。顶杆（14）既起顶料作用，又起压料作用，可防止材料偏移。若弯曲件精度要求不高，也可以不设顶杆。

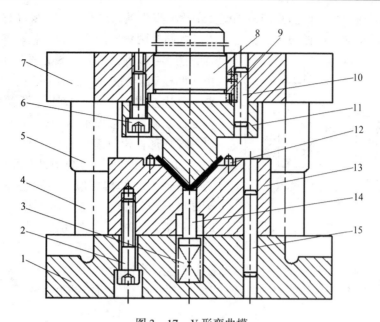

图 3 – 17　V 形弯曲模

1—下模座；2—螺钉；3—弹簧；4—导柱；5—导套；6—螺钉；

7—上模座；8—模柄；9—防转销；10, 15—圆柱销；11—凸模；

12—定位销；13—凹模；14—顶杆

2）L 形弯曲模

L 形弯曲模的基本结构如图 3 – 18 所示。该模具用于弯曲两直边长度相差较大的单角弯曲件，较长的直边夹在凸模（7）与顶件块（15）之间，另一直边沿凹模（6）的圆角滑动而被弯起。这种弯曲因直边部分没有得到校正，所以工件回弹较大。

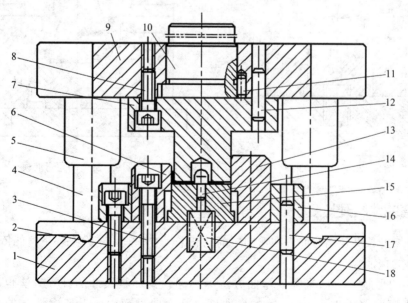

图 3 – 18　L 形弯曲模

1—下模座；2、3—螺钉；4—导柱；5—导套；6—凹模；

7—凸模；8—螺钉；9—上模座；10—模柄；11—防转销；12, 17—圆柱销；

13—挡块；14—定位销；15—顶件块；16—固定板；18—弹簧

模具设计时应注意，为防止凸模因受力不均而发生偏移，凸模与挡块（13）接触处应为零间隙，并且挡块应高出凹模一部分（高出量≥凸模圆角+凹模圆角+板料厚度）。

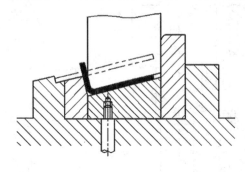

图 3-19　带有校正作用的 L 形弯曲模

图 3-19 所示为带有校正作用的 L 形弯曲模，由于凹模和压料板的工作面有一定的倾斜度，因此，竖边能得到一定的校正，可以减小回弹。工作面的倾斜角一般取 1°~5°。

2. U 形件弯曲模

如图 3-20 所示为 U 形件弯曲模的一般结构，与 L 形弯曲模结构相似，不同之处在于挡块变成了凹模参与弯曲，且左、右凹模高度一致。弯曲时材料沿着凹模圆角滑动进入凸、凹模的间隙而被弯曲成形，凸模回升时，顶件块将工件顶出，因材料回弹的作用，工件一般不会包在凸模上。这种弯曲工件回弹较大，若采取相应的减小回弹措施，也可收到很好的效果。若校正力较大时，工件有可能贴附在凸模上，此时需设计卸料装置。

对于弯曲角小于 90° 的 U 形弯曲模，常采用活动凹模镶块结构的闭角弯曲模，如图 3-21 所示。也可应用斜楔机构，将垂直方向的冲压力转变为水平方向，从而实现弯曲。

此外，常见的还有罩帽形件弯曲模、Z 形件弯曲模及圆筒形件弯曲模等，在后面的项目拓展内容中将有所介绍。

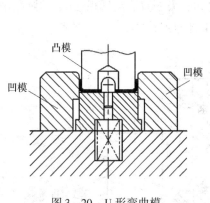

图 3-20　U 形弯曲模

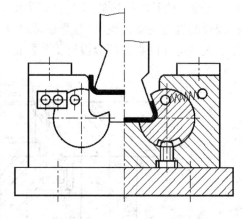

图 3-21　闭角弯曲模

3.2.5　弯曲件展开长度

弯曲件展开长度是指弯曲件在弯曲之前的展平尺寸，它是零件毛坯下料的依据，是加工出合格零件的保证。

弯曲件的形状、弯曲半径、弯曲方法等不同，其坯料尺寸的计算方法也不同。一般来说，对于弯曲圆角半径 $r > 0.5t$ 的弯曲件，在弯曲过程中，毛坯中性层的尺寸基本不发生变化，因此，计算弯曲件展开尺寸只需计算中性层展开尺寸即可。对于弯曲圆角半径 $r < 0.5t$ 的弯曲件，由于弯曲区内材料变形严重，其展开尺寸应按体积不变原理进行计算。

1. 中性层位置的确定

材料弯曲时，在外层材料伸长和内层材料缩短之间存在一个长度保持不变的材料层，称为中性层。弯曲件中性层位置可用其弯曲半径 ρ 表示，如图 3-22 所示。ρ 通常按下面经验公式确定。

$$\rho = r + xt \qquad (3-4)$$

式中：ρ——中性层弯曲半径，mm；

r——内弯曲半径，mm；

t——材料厚度，mm；

x——中性层位移系数，见表 3-4。

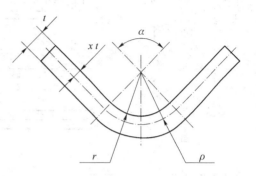

图 3-22　弯曲中性层半径

对于一般的板料弯曲，变形区域内材料厚度将变薄，中性层的位置偏向弯角内侧。中性层位移系数按表 3-4 查得即可；对于铰链弯曲件，通常采用推卷的方法成形，板料不是变薄而是增厚了，中性层将向外侧移动；对于棒料弯曲件，中性层一般也将向外侧移动。其他弯曲的中性层位移系数可查阅有关手册。

表 3-4　一般弯曲的中性层位移系数

r/t	0.1	0.2	0.3	0.4	0.5	0.6	0.7	0.8	1.0	1.2
x	0.21	0.22	0.23	0.24	0.25	0.26	0.28	0.30	0.32	0.33
r/t	1.3	1.5	2.0	2.5	3.0	4.0	5.0	6.0	7.0	≥8.0
x	0.34	0.36	0.38	0.39	0.40	0.42	0.44	0.46	0.48	0.50

2. 展开长度的计算

1）圆角半径 $r > 0.5t$ 的弯曲件展开长度

如上所述，此类弯曲件的展开长度等于所有直线段及弯曲部分中性层的展开长度之和，如图 3-23 所示。图中弯曲件的展开长度为：

$$L = l_1 + l_2 + \pi\alpha\rho/180$$

$$= l_1 + l_2 + \pi\alpha(r + xt)/180$$

当弯曲件的弯曲角度为 90°时，弯曲件的展开长度计算可简化为：

$$L = l_1 + l_2 + 1.57(r + xt)$$

2）圆角半径 $r < 0.5t$ 的弯曲件展开长度

此类弯曲，不仅制件的圆角变形区严重变薄，而且与其相邻的直边部分也产生变薄。故应按变形前后体积不变条件确定展开长度，其计算公式如表 3-5 所示。

应当指出，按表 3-5 中的方法计算得到的弯曲件坯料尺寸，仅适用于一般的形状简单、尺寸精度要求不高的弯曲件。

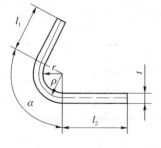

图 3-23　弯曲件展开长度

对于形状复杂而且精度要求较高的弯曲件，计算的结果和实际情况常常会有所出入，必须经过多次试模修正，才能得出正确的坯料尺寸。实际生产中常先制作弯曲模具，初定坯料试样，经反复试弯、不断修正后再制作落料模。

表 3-5 弯曲件坯料长度的计算公式 ($r < 0.5t$)（单位：mm）

序号	弯曲特征	简图	经验公式
1	弯一个角		$L = l_1 + l_2 + 0.4t$
2	弯一个角		$L = l_1 + l_2 - 0.43t$
3	弯两个角		$L = l_1 + l_2 + l_3 + 0.6t$
4	弯三个角		一次同时弯 3 个角 $L = l_1 + l_2 + l_3 + l_4 + 0.75t$
5			一次同时弯两个角，第二次弯另一个角 $L = l_1 + l_2 + l_3 + l_4 + t$
6	弯四个角		一次同时弯 4 个角 $L = 2l_1 + 2l_2 + l_3 + t$
7			分两次弯 4 个角 $L = 2l_1 + 2l_2 + l_3 + 1.2t$

3.2.6 弯曲工艺力的计算

弯曲力是指压力机完成预定的弯曲工序所施加给板料的压力，是选择压力机和设计模具的重要依据之一。由于弯曲力受材料性能、零件形状、弯曲方法、模具结构等多种因素的影响，很难用理论分析的方法进行准确计算，生产中常用经验公式进行计算。

1. 自由弯曲时的弯曲力

V 形件弯曲力：

$$F_自 = \frac{0.6kbt^2\sigma_b}{r+t} \qquad (3-5)$$

U 形件弯曲力：

$$F_自 = \frac{0.7kbt^2\sigma_b}{r+t} \qquad (3-6)$$

式中：$F_自$——自由弯曲在冲压结束时的弯曲力，N；

b——弯曲件宽度，mm；

t——弯曲材料厚度，mm；

r——弯曲件内圆角半径，mm；

σ_b——材料抗拉强度，MPa；

K——安全系数，一般取 1.3。

2. 校正弯曲时的弯曲力

$$F_校 = qA \qquad (3-7)$$

式中：$F_校$——校正弯曲力，N；

A——校正投影面积，mm^2；

q——单位校正力，MPa，其值见表 3-6。

表 3-6　单位校正力 q 值　　　　　　　　　单位：MPa

材料	材料厚度 t/mm			
	≤1	>1~2	>2~5	>5~10
铝	15~20	20~30	30~40	40~50
黄铜	20~30	30~40	40~60	60~80
10~20 号钢	30~40	40~50	60~80	80~100
25~30 号钢	40~50	50~60	70~100	100~120

3. 顶件力或压料力

若弯曲模设有顶件装置或压料装置，其顶件力 $F_顶$ 或压料力 $F_压$ 可近似的取自由弯曲力的 30%~80%，即：

$$F_顶(F_压) = (0.3\sim0.8)F_自 \qquad (3-8)$$

4. 压力机公称压力（$F_设$）的确定

对于有顶料或压料的自由弯曲：

$$F_设 \geqslant (1.2\sim1.3)[F_自 + F_顶(F_压)] \qquad (3-9)$$

对于校正弯曲，由于校正力比顶件力或压料力大得多，所以，顶件力或压料力可忽略不计，即：

$$F_设 \geqslant (1.2\sim1.3)F_校 \qquad (3-10)$$

3.2.7　弯曲凸、凹模工作部分尺寸

弯曲模工作部分尺寸如图 3-24 所示。

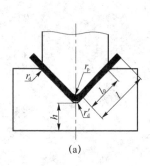 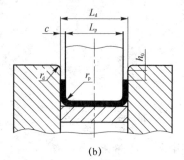 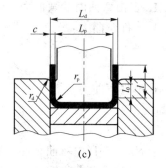

图 3 – 24　弯曲模工作部分尺寸

1. 凸模圆角半径 r_p

凸模圆角半径 r_p 一般等于或略小于弯曲件的内圆角半径 r，即 $r_p = r$。当 $r/t > 8$ 且精度要求较高时，凸模圆角半径 r_p 应根据回弹值进行适当修正。

当弯曲件结构需要其内圆角半径 r 小于最小弯曲半径时，可先弯成较大的圆角半径，然后再采用要求的圆角半径进行整形。

实际生产中，通常将凸模圆角半径先加工的小一些，通过试模调整修大到合适的值。

2. 凹模圆角半径 r_d

凹模圆角半径 r_d 一般不应小于 3 mm，且凹模两侧的圆角半径应一致。在生产中，r_d 通常根据材料厚度选取如下：

$$t \leqslant 2 \text{ mm} \qquad r_d = (3 \sim 6) t$$
$$t = 2 \sim 4 \text{ mm} \qquad r_d = (2 \sim 3) t$$
$$t > 4 \text{ mm} \qquad r_d = 2t$$

V 形弯曲凹模的底部可取圆角半径 $r_d' = (0.6 \sim 0.8)(r_p + t)$ 或开退刀槽。

3. 凹模深度

对于 V 形弯曲模，如图 3 – 24（a）所示，凹模深度 l_0 及底部最小壁厚 h 值可参阅表 3 – 7。

表 3 – 7　V 形弯曲模凹模深度 l_0 及底部最小壁厚 h　　　　　　单位：mm

弯曲件边长 l/mm	材料厚度 t/mm					
	≤2		>2 ~ 4		>4	
	l_0	h	l_0	h	l_0	h
10 ~ 25	10 ~ 15	20	15	22	—	—
>25 ~ 50	15 ~ 20	22	25	27	30	32
>50 ~ 75	20 ~ 25	27	30	32	35	37
>75 ~ 100	25 ~ 30	32	35	37	40	42
>100 ~ 150	30 ~ 35	37	40	42	50	47

对于 U 形件弯曲模，若弯边高度不大或要求两边平直，则应采用图 3 – 24（b）所示的结构，图中 h_0 的值可参阅表 3 – 8；若弯边高度较大或平直度要求不高，则应采用图 3 – 24（c）所示的结构，图中 l_0 的值可参阅表 3 – 9。

表 3 – 8 U 形件弯曲凹模的 h_0 的值 　　　　　　　　　　　　　　　单位：mm

材料厚度 t/mm	≤1	>1~2	>2~3	>3~4	>4~5	>5~6	>6~7	>7~8	>8~10
h_0	3	4	5	6	8	10	15	20	25

表 3 – 9 U 形件弯曲凹模的 l_0 的值 　　　　　　　　　　　　　　　单位：mm

弯曲件边长 l/mm	材料厚度 t/mm				
	≤1	>1~2	>2~4	>4~6	>6~10
≤50	15	20	25	30	35
>50~75	20	25	30	35	40
>75~100	25	30	35	40	45
>100~150	30	35	40	50	50
>150~200	40	45	55	65	65

4. 凸、凹模间隙

弯曲凸、凹模间隙是指单边间隙，用 c 表示。V 形件弯曲模，凸、凹模间隙是靠调整压力机的闭合高度来控制的，设计时可以不考虑。对于 U 形弯曲模，则应选择合适的间隙，因为凸、凹模间隙对弯曲件回弹、表面质量和弯曲力均有很大的影响。间隙越大，回弹越大，工件精度越低；间隙过小，会使工件弯边厚度变薄，弯曲力增大，模具寿命降低。凸、凹模间隙一般按下式计算。

钢板　　　　　　　　　　　　$c = (1.05 \sim 1.15)t$

有色金属　　　　　　　　　　$c = (1 \sim 1.1)t$

当工件精度要求较高时，其间隙值可适当减小，一般取 $c = t$。

5. U 形弯曲模凸、凹模宽度

弯曲凸、凹模的宽度尺寸应根据弯曲件的尺寸标注方式不同分别计算。

1）工件标注外形尺寸

应以凹模为基准件，首先设计凹模的宽度尺寸，间隙取在凸模上。

（1）图 3 – 25（a）所示为标注成单项偏差。

凹模宽度为：

$$L_d = (L - 0.75\Delta)^{+\delta_d}_0 \qquad (3-11)$$

（2）图 3 – 25（b）所示为标注成对称偏差。

凹模宽度为：

$$L_d = (L - 0.5\Delta)^{+\delta_d}_0 \qquad (3-12)$$

在工件标注外形尺寸的情况下，凸模宽度应按凹模宽度尺寸配制，并保证单边间隙为 c，即：

$$L_p = (L_d - 2c)^0_{-\delta_p} \qquad (3-13)$$

2）工件标注内形尺寸

应以凸模为基准件，首先设计凸模的宽度尺寸，间隙取在凹模上。

（1）图 3 – 25（c）所示为标注成单项偏差。

凸模宽度为

$$L_p = (L + 0.75\Delta)^0_{-\delta_p} \qquad (3-14)$$

（2）图 3 - 25（d）所示为标注成对称偏差。

凸模宽度为：

$$L_p = (L + 0.5\Delta)_{-\delta_p}^{0} \tag{3-15}$$

在工件标注内形尺寸的情况下，凹模宽度应按凸模宽度尺寸配制，并保证单边间隙为 c，即：

$$L_d = (L_p + 2c)_{0}^{+\delta_d} \tag{3-16}$$

式（3 - 11）~式（3 - 16）中：

L_p、L_d——凸、凹模宽度尺寸，mm；

　　L——弯曲件基本尺寸，mm；

　　Δ——弯曲件尺寸偏差，mm；

　　c——弯曲模单边间隙，mm；

δ_p、δ_d——凸、凹模制造公差，可采用 IT6 ~ IT7，一般取凸模的精度比凹模精度高一级。

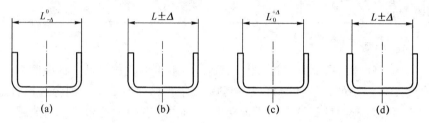

图 3 - 25　U 形弯曲件尺寸标注

3.2.8　弯曲模具设计要点

（1）精度要求较高的弯曲件，为减少回弹，应采用校正弯曲。校正力较大时，应提高模座的强度和刚度。

（2）尽量采用垂直方向成形，以简化模具结构，必要时才采用侧向成形、反向成形或多方向成形。

（3）毛坯放置在模具上必须保证有可靠的定位，并尽量采用弯曲件上的特征孔进行定位，如结构允许也可加工出工艺孔进行定位。当无法用孔定位时，应采用弹压装置，以保证在弯曲前压紧坯料，防止弯曲过程中坯料产生偏移。

（4）多道工序弯曲时，各工序尽量采用同一定位基准。

（5）凸、凹模的圆角半径对弯曲变形影响较大，选择时不宜太小，以免材料变薄、开裂及影响弯曲件的质量。对称弯曲时，凸、凹模的圆角半径应保持两侧对称。

（6）放入、取出工件的操作要安全、迅速、方便；弯曲件若黏附在凸模上，应设置合理的卸料装置。

3.3　项目实施

3.3.1　压簧夹片的工艺性分析

压簧夹片的零件图如图 3 - 1 所示，材料为 10 号钢，料厚为 1.0 mm，中批量生产。此项目要求完成其弯曲工序的模具设计工作。

制件最小弯曲圆角半径查表 3 – 1，垂直于纤维方向 $r_{\min} = 0.1t$（为提高弯曲件的强度，最好采用垂直于纤维方向弯曲），零件图上给出的 $R0.5$ 满足要求，即能一次弯曲成功。

制件的最小弯曲直边高度为 5 – 1 – 0.5 = 3.5（mm），大于 $2t$，因此可以弯曲成功。

$\phi 12$ 的孔边距为 13 – 6 – 1 – 0.5 = 5.5（mm），远远大于 t，因此，孔 $\phi 12$ 可以在弯曲前冲出。

该制件是一个弯曲角为 90° 的弯曲件，所有尺寸精度均为未注公差。弯曲尺寸 26 mm 的公差等级为 IT13 级，公差为 $26_{-0.33}^{\ 0}$ mm（满足公差入体原则）。因为零件的精度要求不高，并考虑实际生产经验，可以不考虑弯曲时的回弹现象，所以，该制件符合普通弯曲的经济精度要求。

该制件结构简单，材料 10 号钢是常用的冲压材料，塑性较好，适合冲压加工。

经上述分析，该制件弯曲工艺性良好。

3.3.2　确定工艺方案和模具结构

从制件图分析看出，该制件需要的基本冲压工序为落料、冲孔、弯曲，根据上述分析的结果及生产批量，确定生产该制件的工艺方案为先落料、冲孔，再弯曲（本项目仅要求设计弯曲模具）。

为操作方便，弯曲模具采用后侧导柱模架，利用凹模上的定位板和顶件块上的定位销对毛坯进行定位，同时采用下顶料的模具结构形式。弯曲时，凸模及顶件块将毛坯压紧，然后再进行弯曲成形。

3.3.3　工艺计算及相关选择

1. 计算毛坯展开尺寸

如图 3 – 26 所示，毛坯展开长度等于各直边长度加上圆角展开长度，即：

$$L = L_1 + 2L_2 + L_3 + L_4$$

由图 3 – 26 得：

$L_1 = 10 – 1.0 – 0.5 = 8.5(\text{mm})$

$L_2 = 1.57(r + xt) = 1.57 \times (0.5 + 0.25 \times 1.0)$
$= 1.177\,5(\text{mm})$（x 值由表 3 – 4 查得）

$L_3 = 26 – 2 \times 1.0 – 2 \times 0.5 = 23(\text{mm})$

$L_4 = 5 – 1.0 – 0.5 = 3.5(\text{mm})$

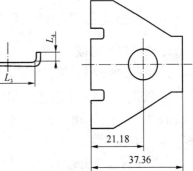

图 3 – 26　毛坯展开

于是得：

$$L = 8.5 + 2 \times 1.177\,5 + 23 + 3.5$$
$$= 37.355 \approx 37.36(\text{mm})$$

2. 计算弯曲工艺力，选择压力机

该模具采用下顶料的模具结构形式，总冲压工艺力为：

$$F_{总} = F_{自} + F_{顶}$$

对于材料 10 号钢，$\sigma_b = 400$ MPa，由式（3 – 6）得：

$$F_{自} = \frac{0.7kbt^2\sigma_b}{r+t} = \frac{0.7 \times 1.3 \times 50 \times 1^2 \times 400}{0.5+1.0} \approx 12\,133.33(\text{N}) \approx 12.13(\text{kN})$$

$$F_{顶} = (0.3 \sim 0.8)F_{自} = 0.3 \times 12.13 = 3.639(\text{kN})$$

$$F_{总} = 12.13 + 3.639 = 15.769(\text{kN})$$

根据压力机的公称压力 $F_{设} \geq (1.2 \sim 1.3)F_{总}$ 的原则，初步选择开式可倾压力机，型号为 J23-16（为保证装模高度，可选公称压力大一些的压力机），其公称压力为 160 kN；最小装模高度为 135 mm，最大装模高度为 180 mm，模柄孔直径为 40 mm、深为 60 mm。

3. 确定凸、凹模工作部分尺寸

（1）凸、凹模圆角半径。由于此制件一次能够弯成，因此，可取凸模圆角半径等于制件的弯曲半径，即 $r_p = 0.5$ mm。当 $t \leq 2$ mm 时，凹模圆角半径 $r_d = (3 \sim 6)\,t$，这里取 $r_d = 4$ mm。

（2）凹模工作部分深度。此制件弯边高度不大，可采用图 3-24（b）所示的结构，凹模工作部分深度可查表 3-8 获得，查得 h_0 为 3.0 mm（若两边平直度要求不高，h_0 可取小一些）。

（3）凸、凹模间隙。可取 $c = t = 1.0$ mm。

（4）凸、凹模宽度尺寸。由于制件尺寸标注在外形，因此，以凹模为基准件，先计算凹模的宽度尺寸，然后再减去间隙值确定凸模尺寸。δ_p 按 IT6 级选取，δ_d 按 IT7 级选取。

$$L_d = (L - 0.75\Delta)_0^{+\delta_d} = (26 - 0.75 \times 0.33)_0^{+0.021} = 25.75_0^{+0.021}\,(\text{mm})$$

$$L_p = (L_d - 2c)_{-\delta_p}^{0} = (25.75 - 2 \times 1.0)_{-0.013}^{0} = 23.75_{-0.013}^{0}\,(\text{mm})$$

3.3.4　主要零部件设计与选择

1. 凹模与固定板

凹模采用两体式，镶在固定套板中。工作行程 $F_{工作} = r_d + h_0 + L_0 = 4 + 3 + 10 = 17$（mm）。

为保证顶件块工作稳定，凹模高度可取 50 mm；为保证凹模的固定强度及凹模上表面定位板的固定位置，凹模宽取为 35 mm，长取为 70 mm。于是，固定套板尺寸可取 180 mm × 160 mm × 30 mm。

凹模材料选常用的 T10A，热处理硬度为 58 ~ 62HRC；凹模固定板材料选 Q235。

2. 凸模

凸模采用整体式，直接用螺钉、销钉固定在上模座。凹模与凸模固定部分之间的距离初选 18 mm（以便让出定位板与螺钉头），凸模固定部分厚度初定为 20 mm。

于是凸模的总长度 $L_{凸} = 20 + 18 + 17 - 1.0 = 54$（mm）。

凸模材料选常用的 T10A，热处理硬度为 56 ~ 62HRC。

3. 定位板

定位板厚度查表 1-26 可选 3 mm，外形与凹模一致，内形按毛坯配作。材料选 45 号钢，热处理硬度为 43 ~ 48HRC。

4. 顶件块

顶件块的外形与凹模孔一致，单边间隙可根据料厚取 0.05 mm。材料选 T8A，热处理硬度为 54 ~ 58HRC。

由于此弯曲件较小，故受模具结构所限，顶件力由装在下模底下的弹顶器提供。

5. 选择顶件弹簧

根据顶件力、模具工作行程和模具结构选择弹簧。

（1）顶件力 $F_顶 = 3\ 639$ N，可设置1个弹簧，则弹簧的预紧力 $P_预 = F_顶 = 3\ 639$ N。

（2）查阅有关卸料弹簧标准，初步选用弹簧 M63×175 JB/T 6653—2013。其具体参数是：自由高度 $H_0 = 175$ mm，弹簧规定变形量 $F_{28} = 49$ mm，规定负荷为 $P_{28} = 6\ 560$ N。

（3）画出弹簧的压力曲线如图3-27所示。按比例找出当纵坐标为3 639 N时，在横坐标相当于27 mm，即弹簧预紧量 $F_预 = 27$ mm。

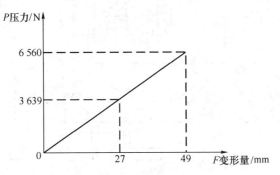

图3-27 弹簧压力曲线

（4）校核。安装时，顶件块与凹模表面持平，工作行程 $F_{工作} = 17$ mm。

弹簧许用压缩量应满足 $F_预 + F_{工作} + F_修 \leqslant F_{28}$。

则 $F_修 = F_{28} - F_预 - F_{工作}$

$\qquad\quad = 49 - 27 - 17$

$\qquad\quad = 5$（mm）（可以满足需要）

弹簧安装长度（$H_0 - F_预$）为148 mm，满足模具结构要求。所以，所选弹簧 M63×175 是合适的。

6. 选择标准模架并校核模具闭合高度

可根据固定套板周界选择标准模架。这里初步选择模架为：滑动导向模架　后侧导柱 $200×160×160\sim200$ Ⅰ GB/T 2851—2008。最小闭合高度为160 mm，最大闭合高度为200 mm；上模座厚为40 mm，下模座厚为45 mm。

3.3.5 校核模具闭合高度

初步确定模具闭合高度为：$H = 40 + 54 + 1 + 50 - 17 + 45 = 173$（mm），在模架闭合高度范围内。

和压力机装模高度 135～180 mm 进行校核，模具闭合高度也在压力机的装模高度范围内。

3.3.6 绘制压簧夹片弯曲模具装配图

按已经确定的模具结构形式及相关参数，绘制压簧夹片弯曲模具装配图，如图3-28所示。

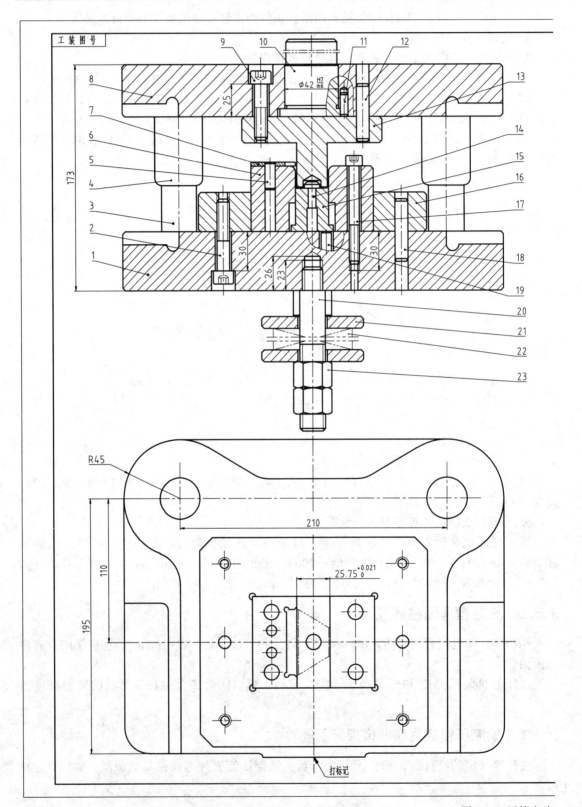

图3-28　压簧夹片

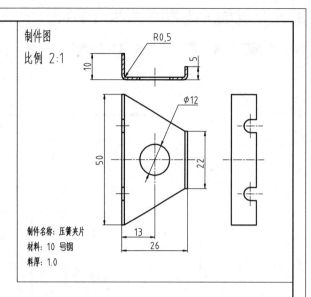

制件图
比例 2:1

R0.5

制件名称: 压簧夹片
材料: 10 号钢
料厚: 1.0

模架选用: 滑动导向模架 后侧导柱 200×160×160~200 Ⅰ GB/T2851—2008

件号	名 称	数量	材料	规 格	标 准 号	附 注	页次
23	螺母	2		M20	GB/T18230.3		
22	弹簧	1		M63×175	JB/T6653		
21	顶板	2		A80	JB/T7650.4		
20	推杆	1		M20×240	JB/T7650.2		
19	顶杆	4		Φ8×65	JB/T7650.3		
18	圆柱销	2		Φ10×50	GB/T119.2		
17	内六角螺钉	4		M8×75	GB/T70.1		
16	固定套板	1	Q235				6
15	顶件块	1	T8A			HRC54~58	4
14	定位销	1	45			HRC43~48	5
13	凸模	1	T10A			HRC56~62	3
12	圆柱销	2		Φ10×45	GB/T119.2		
11	防转销	1		Φ6×18	GB/T119.2		
10	模柄	1		A40×90	JB/T7646.1		
9	内六角螺钉	4		M10×45	GB/T70.1		
8	上模座	1			GB/T2855.1		
7	定位板	1	45			HRC43~48	5
6	凹模	2	T10A			HRC58~62	2
5	圆柱销	2		Φ8×20	GB/T119.2		
4	导套	2			GB/T2861.3		
3	导柱	2			GB/T2861.1		
2	内六角螺钉	4		M10×55	GB/T70.1		
1	下模座	1			GB/T2855.2		

设计				压簧夹片弯曲模		使用设备	J23-16	
校核						制件名称	压簧夹片	
审核						使用单位	冲压	比例	1: 1
标准化				（制件号）		工序	2	共6页	第1页
会签				（单位）		（工装图号）		

弯曲模具装配图

3.3.7 绘制压簧夹片弯曲模具零件图

根据模具装配图，拆绘模具非标准零件的零件图，如图 3 – 29 至图 3 – 33 所示。

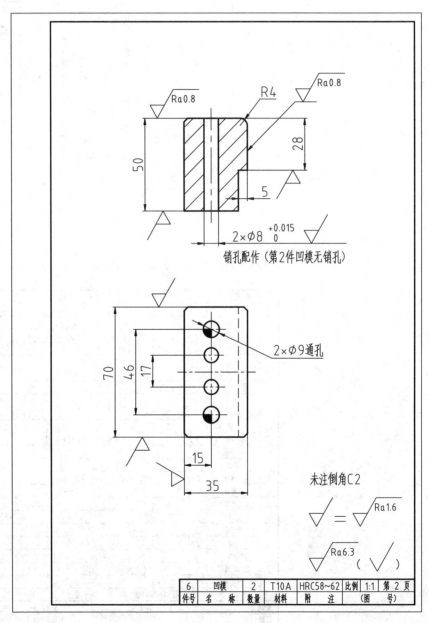

6	凹模	2	T10A	HRC58~62	比例	1:1	第2页
件号	名　称	数量	材料	附　注	（图	号）	

图 3 – 29 凹模零件图

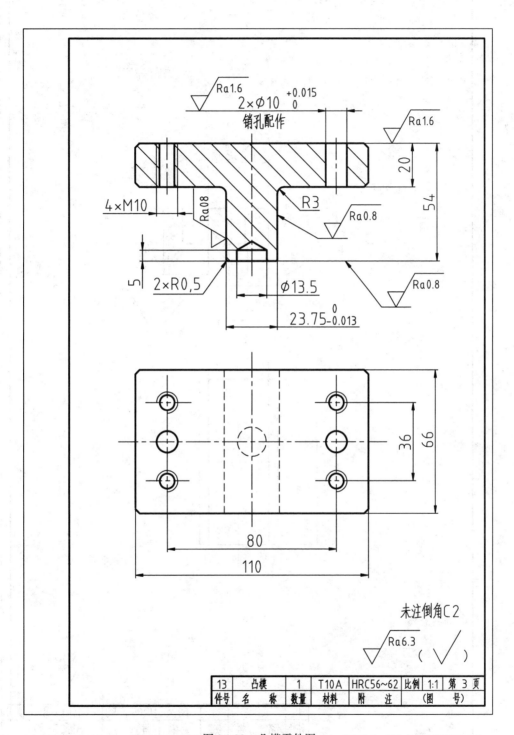

图3-30 凸模零件图

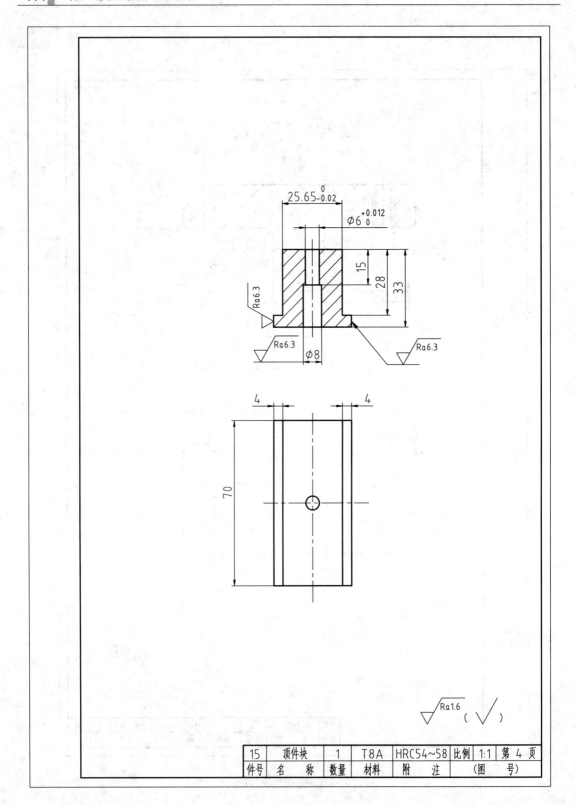

15	顶件块	1	T8A	HRC54~58	比例	1:1	第 4 页
件号	名 称	数量	材料	附 注		(图 号)	

图 3 – 31　顶件块零件图

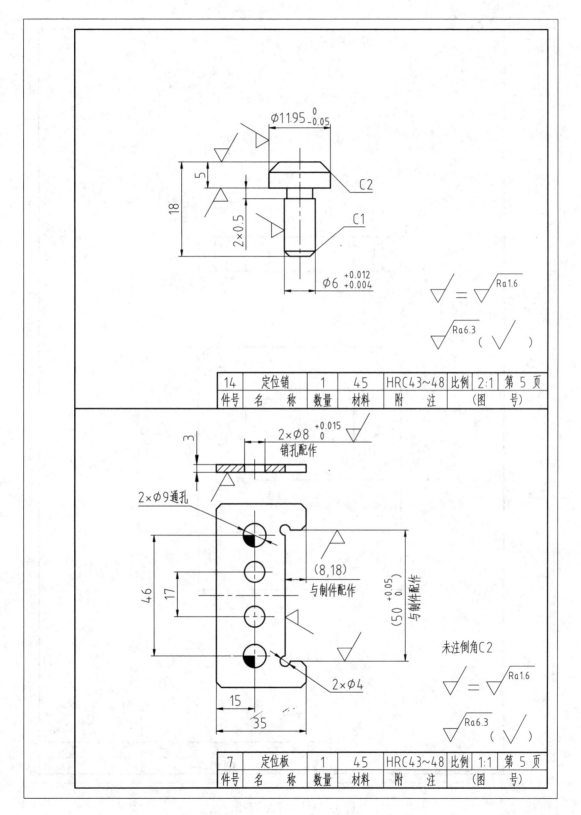

14	定位销	1	45	HRC43~48	比例	2:1	第 5 页
件号	名 称	数量	材料	附 注		(图 号)	

7	定位板	1	45	HRC43~48	比例	1:1	第 5 页
件号	名 称	数量	材料	附 注		(图 号)	

图 3-32 定位销及定位板零件图

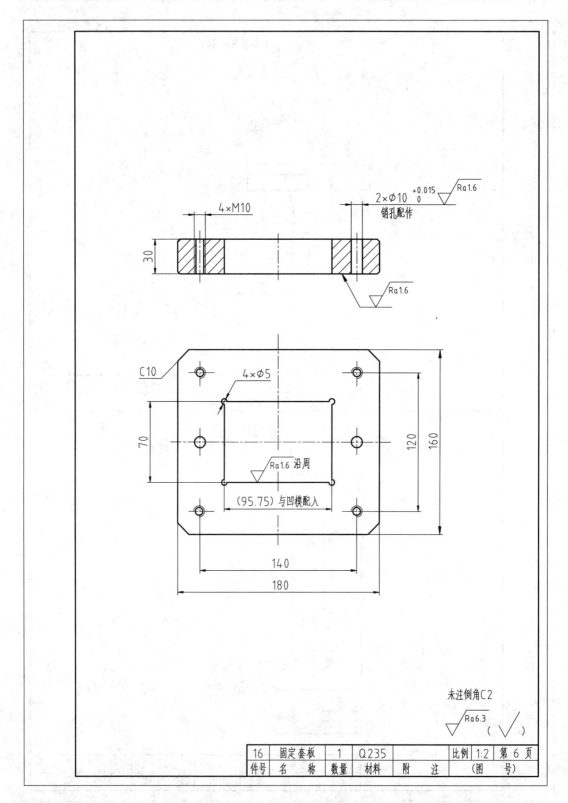

图 3-33 固定板零件图

3.4 弯曲模具结构拓展

3.4.1 Z形件弯曲模

由于Z形件两直边弯曲方向相反，所以，弯曲模需要有两个方向的弯曲动作，一般一次弯曲即可成形。

Z形件弯曲模的常见结构如图3-34所示。弯曲前，因橡胶（5）的作用使活动凸模（3）与上凹模（8）的下端面平齐或略低于上凹模（8）的下端面，这时压柱（6）与上模座（7）是分离的。同时，顶件块（1）在下顶料装置的作用下，处于与下凹模（2）持平的初始位置。弯曲时，毛坯由定位销定位，上模下压，凸模与顶件块将毛坯夹紧，由于托板（4）上橡胶的弹力大于顶件块上顶料装置的弹力，毛坯将随凸模与顶件块下行，完成左端弯曲。当顶件块接触下模座后，上模继续下行，橡胶开始压缩，活动凸模静止而上凹模（8）继续下压，与顶件块完成右端弯曲。当压柱与上模座相碰，弯曲结束时，整个工件得到校正。

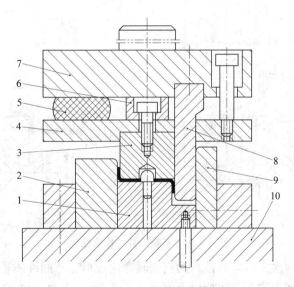

图 3-34 Z形件弯曲模

1—顶块；2—下凹模；3—活动凸模；4—托板；5—橡胶；
6—压柱；7—上模座；8—上凹模；9—挡块；10—下模座

当折弯边较长时，可将工件位置倾斜20°~30°，弯曲结束时，整个工件会得到更为有效的校正。

图3-35所示是Z形件弯曲模的简单结构。其中，图3-35（a）没有压料装置，弯曲时坯料容易滑动，只适用于精度要求不高的弯曲件；图3-35（b）能有效防止坯料的偏移，适用于弯曲角大于90°的Z形件弯曲模。

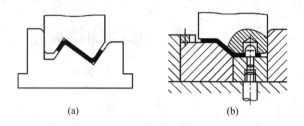

(a)　　　　　　　　(b)

图 3 – 35　Z 形件弯曲模简单结构

3.4.2　罩帽形件弯曲模

罩帽形件弯曲根据制件的高度、弯曲半径及尺寸精度要求不同，可以一次弯曲成形，也可以两次弯曲成形。

图 3 – 36 所示为一次成形弯曲模。其中，图 3 – 36（a）为复合弯曲的结构形式，先将坯料弯成 U 形，上模继续下行，弯成弯曲件，缺点是模具结构复杂；图 3 – 36（b）所示的模具结构简单，一次弯曲成形，但弯曲件侧壁容易擦伤和变薄，只适用于直壁较小、弯曲圆角半径较大的情况。

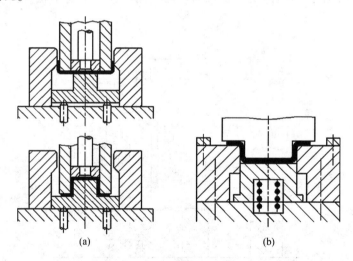

(a)　　　　　　　　(b)

图 3 – 36　罩帽形件一次弯曲模

图 3 – 37 所示为两次成形弯曲模。两副模具弯曲成形，弯曲件质量容易保证。但应注意第二次弯曲时凹模的强度问题。一般只有弯曲件的高度大于 12 ~ 15 倍料厚时，才能保证二次弯曲时凹模的足够强度。

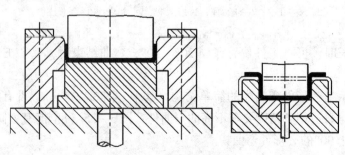

图 3 – 37　罩帽形件两次弯曲模

3.4.3 圆筒形件弯曲模

圆筒形件根据直径大小不同，其弯曲方法也不同。

1. 直径 $d \leqslant 5$ mm 的小圆筒

其弯曲方法一般是用两套简单模具弯圆，先将坯料弯成 U 形，然后再弯成圆筒形，如图 3 - 38 所示。

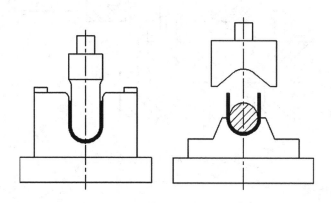

图 3 - 38　小圆筒两次弯曲模

2. 直径 $d \geqslant 20$ mm 的大圆筒

一般先将坯料弯成波浪形，然后再弯成圆筒形，如图 3 - 39 所示。波浪形状由 3 等份圆弧组成，尺寸必须经实验修正。

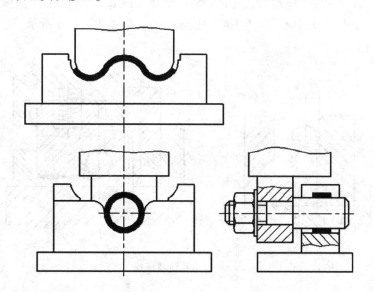

图 3 - 39　大圆筒两次弯曲模

3. 直径 $d \geqslant 10 \sim 40$ mm 大圆筒

一般采用摆动式凹模结构的模具一次弯曲成形，如图 3 - 40 所示。这种方法生产效率较高，但筒形件上部未得到校正，回弹较大。

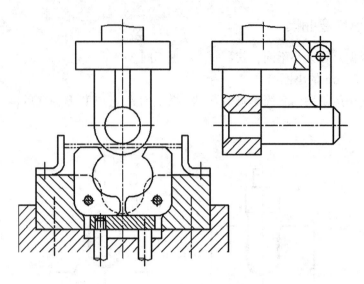

图 3 - 40　大圆筒一次弯曲模

3.4.4　铰链弯曲模

铰链弯曲一般采用推圆的方法，如图 3 - 41 所示。图 3 - 41（a）所示为立式卷圆模，结构简单，适用于材料较厚且长度较短的铰链。图 3 - 41（b）所示为卧式卷圆模，结构较复杂，但工件质量较好。

铰链弯曲一般分两道工序进行，先将毛坯端部预弯成 $\alpha = 75° \sim 80°$ 的圆弧，然后再进行卷圆。在预弯工序中需将凹模的圆弧中心向里偏移 l，l 值如表 3 - 10 所示，凸、凹模成形尺寸如图 3 - 42 所示。

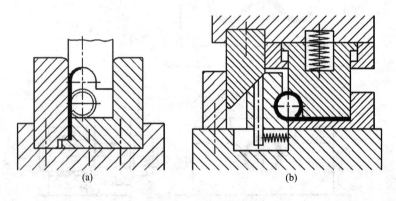

(a)　　　　　　　　(b)

图 3 - 41　铰链弯曲模

表 3 – 10   偏移量 *l* 的值   单位：mm

料厚 t/mm	1	1.5	2	2.5	3	3.5	4	4.5	5	5.5	6
偏移量 l	0.3	0.35	0.4	0.45	0.48	0.50	0.52	0.60	0.60	0.65	0.65

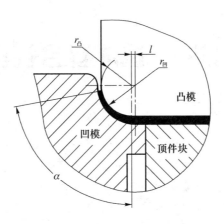

图 3 – 42   卷圆预弯工序中的成形尺寸

项目 4

桶盖落料、拉深复合模具设计

> **项目目标：**
> - 了解拉深变形的基本过程及变形特点。
> - 能合理分析拉深件的工艺性。
> - 了解拉深工艺中的主要质量问题及相关解决办法。
> - 了解拉深系数及拉深次数对拉深工艺的影响。
> - 掌握拉深模具的典型结构。
> - 了解拉深模具的设计流程。
> - 能进行简单拉深工艺计算。
> - 能进行简单的拉深模具设计。

4.1 项目任务

本项目的载体是桶盖，这是一个典型的圆筒形拉深件，图 4-1 所示为其零件图，要求学生完成其落料、拉深复合模具的设计工作。桶盖的材料为 10 号钢，料厚为 1.2 mm，大批量生产。制件结构比较简单，便于初学者掌握拉深的基本知识，为后续的学习打下基础。

本项目任务要求如下。

（1）能合理分析桶盖的工艺性。

（2）能合理确定拉深模具结构、准确进行工艺设计计算、选择冲压设备及标准件等。

（3）能准确、完整、清晰地绘制出桶盖落料、拉深复合模具装配图。

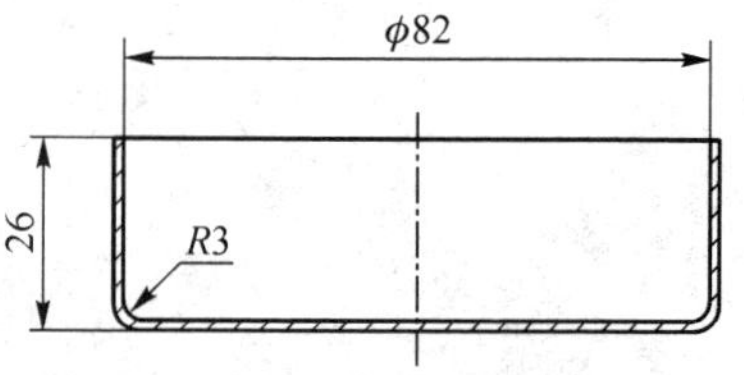

图 4-1 桶盖零件图

（4）根据模具装配图拆画零件图，合理选择拉深模零件的材料、确定技术要求等。

（5）编写整理设计说明书。

4.2 拉深基础知识链接

拉深是指利用模具将平板毛坯冲压成开口空心零件，或将开口空心零件进一步改变形状和尺寸的一种冲压加工方法。它是冲压基本工序之一，不仅可以加工回转体零件，还可以加工盒形零件及其他形状复杂的零件（如汽车覆盖件）。因此，拉深在汽车、电子、电器、仪表、轻工业、航天航空等工业生产中占有相当重要的地位。

拉深件的种类很多，按变形的力学特点可分为以下4种基本类型。

（1）直壁旋转体拉深件（图4-2（a））；

（2）曲面旋转体拉深件（图4-2（b））；

（3）盒形件（图4-2（c））；

（4）非旋转体曲面形状拉深件（图4-2（d））。

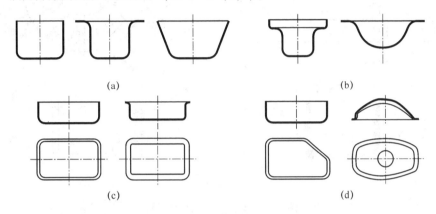

(a)　　　　　　　　　　　　　　　　　　(b)

(c)　　　　　　　　　　　　　　　　　　(d)

图4-2 拉深件的4种基本类型

不同类型的拉深件，冲压成形的规律会有很大的差别。直壁圆筒形件是最简单、最基本的拉深件，本项目将以此来分析拉深工艺及其模具设计。

此外，拉深按毛坯形状可分为首次拉深和以后各次拉深；按壁厚变化情况又可分为不变薄拉深和变薄拉深。本项目属于不变薄拉深。

4.2.1 拉深变形分析

1. 拉深变形过程

图4-3（a）所示为圆筒形件的拉深过程。直径为 D、厚度为 t 的圆形平板毛坯经过模具的拉深，得到内径为 d、高为 h 的开口空心直壁圆筒件。

为了形象地说明拉深过程中材料的转移情况，现做一个切除再焊接的实验，如图4-3（b）所示。假设将直径为 D 的平板毛坯中的三角阴影部分切除，把留下来的狭条沿直径为 d 的圆周弯折竖起后并焊接，就可以得到一个直径为 d、高为 $(D-d)/2$ 的圆筒形件。由此说明，在实际的拉深过程中，被假想切除的金属材料在模具的作用下发生了塑性流动，从而使拉深后工件的高度增加了 Δh，所以 $h > (D-d)/2$，同时工件的壁厚也有所变化。

2. 拉深变形特点

为了分析拉深变形的特点，可做一个坐标网格实验，如图4-4所示。在平板毛坯上画上间距为 a 的同心圆和分度相等的辐射线。观察拉深前后网格的变化情况，分析如下。

（1）平板上直径为 d 的部分变为筒形件的底部，且网格基本上保持不变。

（2）平板上原来的 $D-d$ 环形部分变为筒壁，且扇形网格 A 变为矩形 A'。

（3）原来间隔相同的同心圆变为筒壁上不等距的水平圆筒线，且越往上间距增加越大，即 $a_1 > a_2 > a_3 > a_4 > a_5 > \cdots > a$。

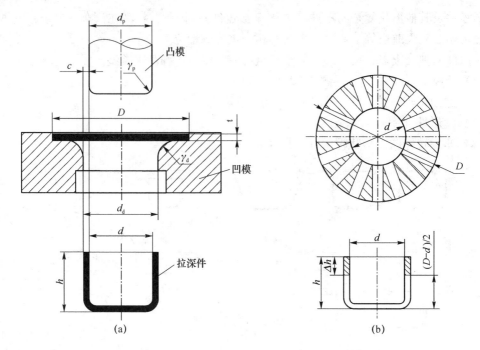

图 4 - 3　圆筒形件的拉深过程

（4）原来分度相等的辐射线变成相互平行且等距的垂直线，其宽度 b 完全相等。

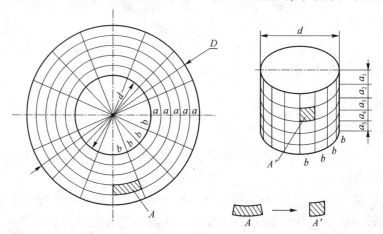

图 4 - 4　拉深前后网格变化

进一步分析可知，扇形网格之所以变为矩形网格，是因为在拉深过程中，每个网格均受径向拉应力和切向压应力的作用，这就相当于在一个楔形槽中拉着扇形网格通过一样，如图 4 - 5 所示。由此可知，在实际的拉深过程中，凸缘部分（$D - d$ 的环形部分）在径向拉应力和切向压应力的共同作用下，逐渐被凸模拉入凸、凹模间隙而形成圆筒形拉深件的筒壁。

综上所述，拉深时的变形特点如下。

（1）位于凸模下面的材料基本不变形，拉深后成为筒底，变形主要集中在位于凹模表面的凸缘区（$D - d$ 的环形部分），该区为拉深变形的主要变形区。

（2）拉深变形区沿切向受压而缩短，沿径向受拉而伸长，越往口部压缩和伸长的越多，导致变形区的变形不均匀，口部板料的厚度增加较多。

4.2.2 拉深件的工艺性

1. 对拉深件形状要求

（1）形状应力求简单、对称，尽量避免急剧的外形变化。

（2）在保证装配要求的前提下，应允许侧壁有一定的斜度。

（3）多次拉深件的内、外表面应允许出现压痕。

（4）非对称空心件应组合成对拉深，然后将其切开。

2. 对拉深件尺寸要求

（1）拉深件高度应尽可能小，以便能通过 1~2 次拉深工序成形。常见拉深件一次成形高度 h 如下。

① 无凸缘筒形件：$h \leqslant (0.5~0.7)\ d$（d 为拉深件壁厚中径）。

② 带凸缘筒形件：当 $d_{凸} \leqslant 1.5d$ 时，$h \leqslant (0.4~0.6)\ d$（$d_{凸}$ 为拉深件凸缘直径）。

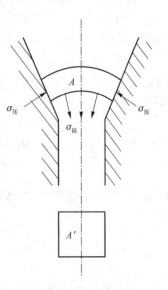

图 4 – 5 扇形网格的变形

（2）底部圆角半径应满足 $r_p \geqslant t$；凸缘圆角半径应满足 $r_d \geqslant 2t$；否则，应增加整形工序。为了使拉深顺利进行，通常取 $r_p \geqslant (3~5)\ t$，$r_d \geqslant (4~8)\ t$。

3. 对拉深件精度要求

（1）由于拉深件各部位的料厚有较大变化，所以，零件图上的尺寸应明确标在外形或内形，不能内、外形同时标注。

（2）由于拉深件有回弹，所以，拉深件横截面的尺寸公差一般都在 IT12 级以下，圆筒形件可达 IT8~IT10 级，一般异形件要低 1~2 级。若精度要求较高，需增加整形工序。

4.2.3 拉深件的起皱与破裂

1. 起皱

拉深时，由于凸缘材料存在切向压缩应力 $\sigma_压$，当这个压应力大到一定程度时，板料切向就会因失稳而拱起，在凸缘变形区就会沿切向形成高低不平的皱褶，这种现象称为起皱，如图 4 – 6 所示。起皱在拉深薄料时更易发生，而且首先在凸缘的外缘开始。

图 4 – 6 拉深件的起皱

当拉深件发生起皱后，轻者凸缘变形区的材料仍然能被拉进凸、凹模间隙，但会使拉深件口部产生波纹，影响工件的质量。起皱严重后，凸缘变形区的材料将不能被拉进凸、凹模间隙，从而导致拉深件破裂。起皱是拉深成形中产生废品的主要原因之一。

拉深是否起皱，与毛坯的相对厚度 t/D 有关，也与拉深的变形程度有关。当每次拉深的变形程度较大而毛坯的相对厚度较小时就容易发生起皱。实际生产中，防止起皱最有效的措施是采用压边圈，适当减小拉深变形程度、加大毛坯厚度、改善模具结构等也可降低起皱倾向。

2. 破裂

拉深后得到的工件沿底部向口部方向的厚度是不同的，对于圆筒形件口部厚度增加最多，约为30%；而在筒壁与底部圆角稍上的位置厚度最小，减少近10%，通常称此断面为"危险断面"，该处拉深时最容易破裂。

起皱并不表示变形达到了一定的极限，因为采用压边圈等措施后变形程度仍然可以提高。随着拉深变形的进行，变形力也相应地增大，当变形力大于危险断面的承载能力时，拉深件则被拉破，因此，危险断面的承载能力是决定拉深能否顺利进行的关键。

拉深时危险断面是否被拉破，与材料的性能、变形程度的大小、模具的圆角半径、润滑条件等有关。实际生产中通常选用硬化指数大、屈强比小的材料进行拉伸，同时适当增大拉深凸、凹模圆角半径、增加拉深次数、改善润滑条件等措施来避免拉裂的产生。

4.2.4　拉深模具的典型结构

拉深模具的结构类型较多，主要取决于拉深工作情况及使用的设备。按完成工序的顺序可分为首次拉深模和后续各次拉深模。按使用冲压设备的类型又可分为单动压力机用拉深模、双动压力机用拉深模和三动压力机用拉深模。

1. 首次拉深模具

1）无压边装置的首次拉深模具

无压边装置的首次拉深模具的基本结构如图4-7所示。工作时坯料在定位圈（2）中定位，拉深结束后，工件由凹模（3）底部的台阶完成脱模，并由下模板底孔落下。此类模具一般没有导向机构，模具安装时可由校模圈完成模具的对中。

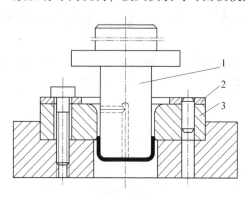

图4-7　无压边装置首次拉深模具
1—凸模；2—定位圈；3—凹模

该模具结构简单、制造方便，常用于材料塑性较好、相对厚度较大的工件拉深。由于工作时拉深凸模要深入凹模，所以，该模具只适用于变形较小的浅拉深。

2）带压边装置的首次拉深模具

带压边装置的首次拉深模具的基本结构如图4-8所示，为倒装形式的拉深模，此时压边装置放在了模具的下面，不受模具空间的限制，可提供较大的压边力，而且模具结构紧凑，是常用的结构形式。工作时，毛坯在压边圈（5）上定位，凹模（3）下行与板料接触，拉深结束后，凹模上行，压边圈复位，将拉深件从凸模（4）上卸下，使拉深件留在凹模内，最后由推杆（1）将拉深件推出凹模。压边圈兼作定位圈，同时又起卸料作用。

3）落料、拉深复合模具

落料、拉深复合模具的基本结构如图4-9所示。此模具一般采用条料作为坯料，故模具上需设置导料机构。设计时应使拉深凸模的顶面低于落料凹模，从而保证工作时先落料后拉深，同时还需预留凹模刃口的刃磨量。压边圈的压边力由连接在下模座上的弹性压边装置提供。工作时，压边装置通过顶杆（8）和压边圈（6）进行压边，拉深结束后，压边圈复位，将拉深件从拉深凸模（4）上卸下，使拉深件留在凸凹模（3）内，最后由推杆（1）、推件块（2）推出，落下的废料则由弹性卸料板（5）卸下。此类模具生产效率高，操作方便，工件质量容易保证，拉深工艺中经常使用。

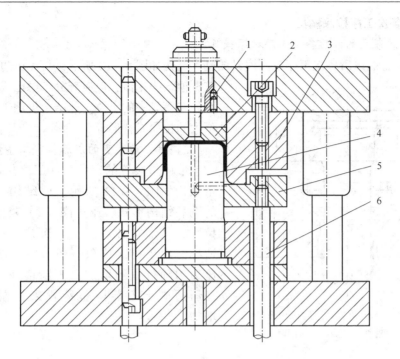

图 4 – 8 带压边装置首次拉深模具
1—推杆；2—推件块；3—凹模；4—凸模；5—压边圈；6—卸料螺钉

若考虑模具结构，卸料装置也可采用刚性结构，但零件被刮出后容易留在刚性卸料板内，不易出件，操作不便，生产率较低。

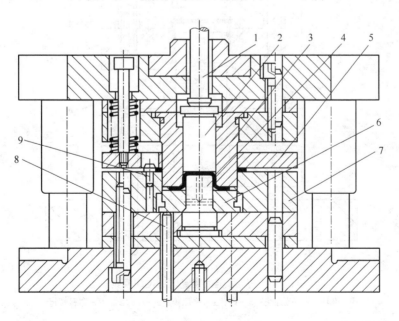

图 4 – 9 落料、拉深复合模具
1—推杆；2—推件块；3—凸凹模；4—拉深凸模；5—卸料板；
6—压边圈；7—落料凹模；8—顶杆；9—导料销

2. 以后各次工序拉深模具

1）无压边装置的以后各次工序拉深模具

无压边装置的以后各次工序拉深模具的基本结构如图4－10所示，与无压边装置的首次拉深模结构相似，但应充分考虑已成形的半成品毛坯在模具中的定位。此结构仅用于直径变化量不大的拉深或整形等。

2）带压边装置的以后各次工序拉深模具

带压边装置的以后各次工序拉深模具的基本结构如图4－11所示，此结构是广泛采用的倒装结构形式，压边圈（5）兼作毛坯的定位圈，其形状必须与上一次拉出的半成品相适应。由于再次拉深一般较深，为防止弹性压边力随行程的增加而不断增加，可以考虑在压边圈上安装限位装置来控制压边力的增加。

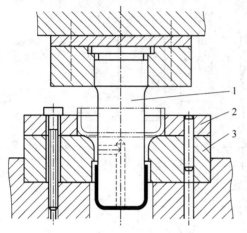

图4－10　无压边装置以后拉深模具

1—凸模；2—定位圈；3—凹模

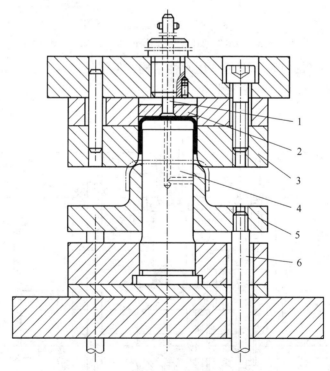

图4－11　带压边装置以后拉深模具

1—推杆；2—推件块；3—凹模；4—凸模；5—压边圈；6—卸料螺钉

4.2.5　直壁筒形件拉深工艺计算

1. 毛坯尺寸的计算

1）计算方法

一般拉深多为不变薄拉深，是按面积相等原则计算毛坯尺寸的。计算时使毛坯面积等于

拉深件面积,则毛坯直径为:

$$D = \sqrt{\frac{4A_{总}}{\pi}} \qquad (4-1)$$

式中:D——毛坯直径,mm;

$\quad A_{总}$——包括修边余量在内的拉深件表面积,mm^2。

2) 修边余量

由于拉深后工件口部大多不齐,通常拉深后需要切边,所以,确定毛坯尺寸之前,应在工件高度或凸缘宽度上加修边余量。筒形件和凸缘件的修边余量可参考表4-1和表4-2。

当零件的相对高度 h/d 很小,且高度尺寸要求不高时,也可以不用切边工序。

表4-1 筒形件的修边余量 δ 单位:mm

简图	拉深件高度 h/mm	拉深件相对高度 h/d			
		>0.5~0.8	>0.8~1.6	>1.6~2.5	>2.5~4.0
	≤10	1.0	1.2	1.5	2.0
	>10~20	1.2	1.6	2.0	2.5
	>20~50	2.0	2.5	3.3	4.0
	>50~100	3.0	3.8	5.0	6.0
	>100~150	4.0	5.0	6.5	8.0
	>150~200	5.0	6.3	8.0	10.0
	>200~250	6.0	7.5	9.0	11.0
	≥250	7.0	8.5	10.0	12.0

注:(1) 对于矩形件可用 h/B 代替相对高度,B 为矩形件的短边长度。

(2) 对于多次拉深,应有中间修边工序。

(3) 对于料厚小于0.5 mm的多次拉深件应按表中数值放大30%。

表4-2 凸缘件的修边余量 δ 单位:mm

简图	凸缘直径 $d_{凸}$/mm	凸缘相对直径 $d_{凸}/d$			
		≤1.5	>1.5~2.0	>2.0~2.5	>2.5~3.0
	≤25	1.6	1.4	1.2	1.0
	>25~50	2.5	2.0	1.8	1.6
	>50~100	3.5	3.0	2.5	2.2
	>100~150	4.3	3.6	3.0	2.5
	>150~200	5.0	4.2	3.5	2.7
	>200~250	5.5	4.6	3.8	2.8
	≥250	6.0	5.0	4.0	3.0

注:(1) 对于矩形件可用 h/B 代替相对高度,B 为矩形件的短边长度。

(2) 对于多次拉深,应有中间修边工序。

(3) 对于料厚小于0.5 mm的多次拉深件应按表中数值放大30%。

3) 毛坯尺寸计算

常用旋转体拉深件毛坯直径计算公式如表4-3所示。对于表中各式,当毛坯厚度 $t<1$ mm 时,以外壁尺寸或内壁尺寸来计算,毛坯误差不会太大;当毛坯厚度 $t\geqslant1$ mm 时,各尺寸应

以中线尺寸代入。

表 4-3 常用旋转体拉深件毛坯直径计算公式 单位：mm

序号	工件形状与尺寸	毛坯直径 D
1		$D = \sqrt{d_1^2 + 4d_2h + 6.28rd_1 + 8r^2}$ 或 $D = \sqrt{d_2^2 + 2d_2H - 1.72rd_2 - 0.56r^2}$ 或 $D = \sqrt{d_2^2 + 4d_2H}$
2		$D = \sqrt{d_1^2 + 2l\,(d_1 + d_2)}$
3		当 $r \neq R$ 时 $D = \sqrt{d_1^2 + 6.28rd_1 + 8r^2 + 4d_2h + 6.28Rd_2 + 4.56R^2 + d_4^2 - d_3^2}$ 当 $r = R$ 时 $D = \sqrt{d_4^2 + 4d_2H - 3.44rd_2}$
4		$D = \sqrt{d_2^2 + 4\,(d_1h_1 + d_2h_2)}$
5		$D = \sqrt{d_1^2 + 2r\,(\pi d_1 + 4r)}$

序号	工件形状与尺寸	毛坯直径 D
6		$D = \sqrt{d_1^2 + d_2^2 + 4d_1 h}$ 或 $D = \sqrt{8r^2 + 4d_1 H - 4d_1 r - 1.72d_1 R + 0.56R^2 + d_2^2 - d_1^2}$
7		$D = 1.414\sqrt{d^2 + 2dh}$ 或 $D = 2\sqrt{dH}$
8		$D = \sqrt{2d^2} = 1.414d$
9		$D = \sqrt{8rh}$ 或 $D = \sqrt{s^2 + 4h^2}$
10		$D = \sqrt{d_1^2 + 4h^2 + 2l\,(d_1 + d_2)}$
11		$D = \sqrt{d_1^2 + d_2^2}$

续表

序号	工件形状与尺寸	毛坯直径 D
12	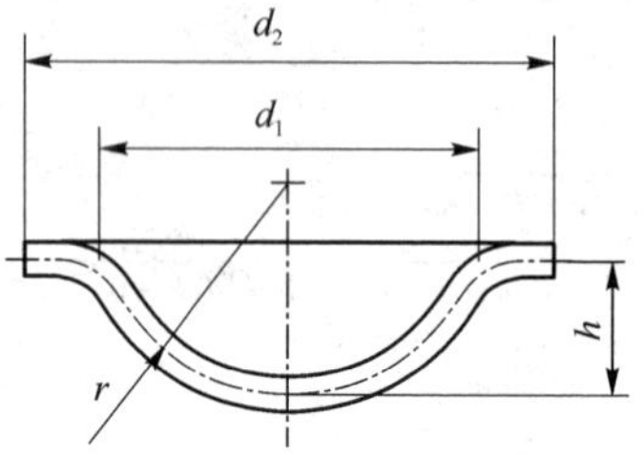	$D = \sqrt{d_2^2 + 4h^2}$
13	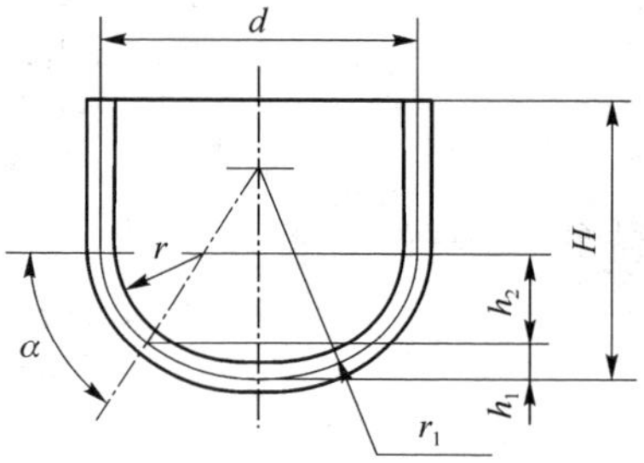	$D = \sqrt{4dh_1(2r_1-d) + (d-2r)(0.069\,6r\alpha - 4h_2) + 4dH}$ $\sin\alpha = \dfrac{\sqrt{r_1^2 - r(2r_1-d)} - 0.25d^2}{r_1-r}$ $h_1 = r_1(1-\sin\alpha)$ $h_2 = r\sin\alpha$
14	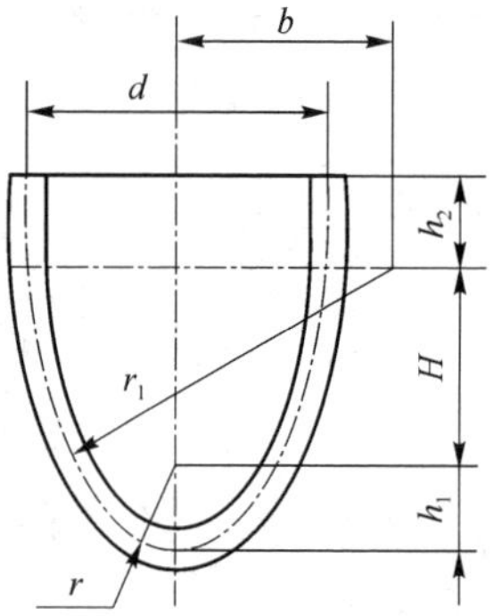	$D = \sqrt{8r_1\left[H - b\left(\arcsin\dfrac{H}{r_1}\right)\right] + 4dh_2 + 8rh_1}$
15	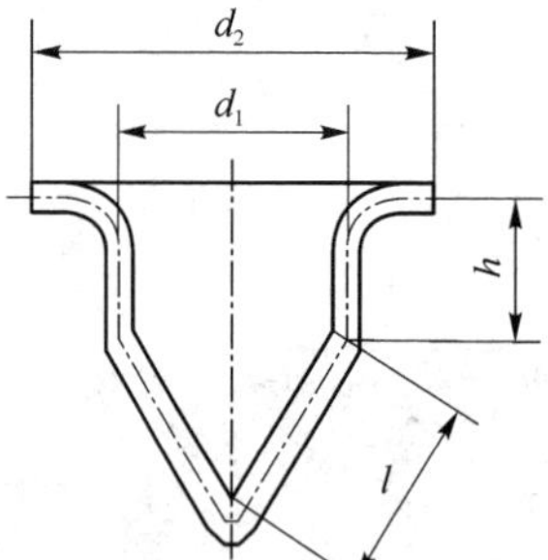	$D = d_2^2 - d_1^2 + 4d_1\left(h + \dfrac{l}{2}\right)$

注：对于部分未考虑工件圆角半径的计算公式，在计算有圆角半径的工件时，计算结果要偏大，故在此情况下，可不考虑或少考虑修边余量。

2. 拉深系数

所谓拉深系数，是指坯料每次拉深后的断面面积与拉深前的断面面积之比，即：

$$m_n = \frac{F_n}{F_{n-1}}$$

式中：m_n——拉深系数；

F_n——拉深后的断面面积，mm^2；

F_{n-1}——拉深前的断面面积，mm^2。

按上述公式，圆筒形件的拉深系数为拉深后工件直径与拉深前工件（或毛坯）直径之比，即：

$$m_n = \frac{d_n}{d_{n-1}}$$

式中：d_n——拉深后的工件直径，mm；

d_{n-1}——拉深前的工件直径，mm。

从上式中可以看出，拉深系数表示拉深前后坯料（或工序件）直径的变化率。拉深系数越小，说明拉深变形程度越大，反之，变形程度越小。

拉深件的总拉深系数 $m_{总}$ 等于各次拉深系数的乘积，即：

$$m_{总} = \frac{d_1}{D}\frac{d_2}{d_1}\frac{d_3}{d_2}\cdots\frac{d_{n-1}}{d_{n-2}}\frac{d_n}{d_{n-1}} = m_1 m_2 m_3 \cdots m_{n-1} m_n \qquad (4-2)$$

拉深系数是拉深工序中一个非常重要的参数，是拉深工艺计算的基础，在实际生产中采用的拉深系数是否合理是拉深工艺成败的关键。拉深系数不能太小，应有一定的界限。使拉深件不拉裂的最小拉深系数称为极限拉深系数，各次拉深的极限拉深系数都是在一定条件下用试验方法求得的。

无凸缘圆筒形件的极限拉深系数如表4－4和表4－5所示。

表4－4　无凸缘圆筒形件的极限拉深系数（用压边圈）

各次拉深系数	毛坯相对厚度（t/D）×100					
	2.0~1.5	1.5~1.0	1.0~0.6	0.6~0.3	0.3~0.15	0.15~0.08
m_1	0.48~0.50	0.50~0.53	0.53~0.55	0.55~0.58	0.58~0.60	0.60~0.63
m_2	0.73~0.75	0.75~0.76	0.76~0.78	0.78~0.79	0.79~0.80	0.80~0.82
m_3	0.76~0.78	0.78~0.79	0.79~0.80	0.80~0.81	0.81~0.82	0.82~0.84
m_4	0.78~0.80	0.80~0.81	0.81~0.82	0.82~0.83	0.83~0.85	0.85~0.86
m_5	0.80~0.82	0.82~0.84	0.84~0.85	0.85~0.86	0.86~0.87	0.87~0.88

注：（1）表中较小值适用于凹模圆角半径 $r_d = (8\sim15)\ t$，较大值适用于 $r_d = (4\sim8)\ t$。

（2）表中数值适用于无中间退火的拉深，若有中间退火时可将表中数值适当减小2%~3%。

（3）表中数值适用于08、10、15Mn等低碳钢及H62黄铜。对于拉深性能较差的材料，应将表中数值适当增大1.5%~2.0%；而对于塑性较好的材料，可将表中数值减小1.5%~2.0%。

表4－5　无凸缘圆筒形件的极限拉深系数（无压边圈）

各次拉深系数	毛坯相对厚度（t/D）×100				
	1.5	2.0	2.5	3.0	>3.0
m_1	0.65	0.60	0.55	0.53	0.50
m_2	0.80	0.75	0.75	0.75	0.70
m_3	0.84	0.80	0.80	0.80	0.75
m_4	0.87	0.84	0.84	0.84	0.78
m_5	0.90	0.87	0.87	0.87	0.82
m_6	—	0.90	0.90	0.90	0.85

注：表中适用情况与表4－4相同。

3. 拉深次数的确定

当拉深件的总拉深系数 $m_总$ 大于首次拉深系数 m_1，即 $m_总 > m_1$ 时，拉深件即可一次拉成，否则，需多次拉深。

拉深次数 n 的确定经常用推算法进行计算。已知拉深件尺寸即可计算出毛坯尺寸，由表 4-4 或表 4-5 可查出极限拉深系数 m_1，m_2，…，m_n（选用时应取各次极限拉深系数稍大于表中数值），则根据拉深系数的定义可得各次拉深后工序件直径：

$$d_1 = m_1 D$$
$$d_2 = m_2 d_1$$
$$\vdots$$
$$d_n = m_n d_{n-1}$$

直到计算出的工序件直径 d_n 小于或等于工件直径 d 为止，则尺寸的下角标 n 即表示拉深次数。若此时计算出的 d_n 值与 d 相差较小，为使拉深工艺具有一定的安全裕度，则应增加拉深次数为 $n+1$。

实际生产中，也可以通过查表的方法，直接确定拉深次数。表 4-6 给出了无凸缘筒形件拉深次数与拉深件相对高度的关系。

表 4-6　无凸缘筒形件拉深次数与拉深件相对高度的关系

拉深次数	毛坯相对厚度 (t/D) ×100					
	0.08~0.15	0.15~0.3	0.3~0.6	0.6~1.0	1.0~1.5	1.5~2.0
	拉深件相对高度 h/d					
1	0.38~0.46	0.45~0.52	0.50~0.62	0.57~0.71	0.65~0.84	0.77~0.94
2	0.7~0.9	0.83~0.96	0.94~1.13	1.10~1.36	1.32~1.60	1.54~1.88
3	1.1~1.3	1.3~1.6	1.5~1.9	1.8~2.3	2.2~2.8	2.7~3.5
4	1.5~2.0	2.0~2.4	2.4~2.9	2.9~3.6	3.5~4.3	4.3~5.6
5	2.0~2.7	2.7~3.3	3.3~4.1	4.1~5.2	5.1~6.6	6.6~8.9

注：（1）大的 h/d 值适用于第 1 次拉深的大凹模圆角 $[r_d \approx (8~15) \, t]$。

　　　小的 h/d 值适用于第 1 次拉深的小凹模圆角 $[r_d \approx (4~8) \, t]$。

　　（2）表中数据适用于 08、10 号钢等钢材，其他材料可参考选择。

4. 各次拉深工序件尺寸的计算

1）工序件直径

确定拉深次数后，将确定拉深次数时的各次极限拉深系数适当放大，加以调整，其原则如下。

（1）使 $m_1 < m_2 < \cdots < m_n$。

（2）保证 $m_1 m_2 \cdots m_n = d/D$。

最后按调整后的拉深系数求出各次工序件直径 d_1，d_2，…，d_n，并保证 d_n 等于工件直径 d。

2）工序件底部圆角半径

各次拉深工序件底部圆角半径的确定可参考本节拉深凸、凹模工作部分尺寸设计。

3）工序件高度

各次拉深后工序件高度尺寸的计算可按毛坯尺寸的公式演变求得，其计算公式如下：

$$h_1 = 0.25\left(\frac{D^2}{d_1} - d_1\right) + 0.43\frac{r_1}{d_1}(d_1 + 0.32r_1)$$

$$h_2 = 0.25\left(\frac{D^2}{d_2} - d_2\right) + 0.43\frac{r_2}{d_2}(d_2 + 0.32r_2)$$

$$\cdots$$

$$h_n = 0.25\left(\frac{D^2}{d_n} - d_n\right) + 0.43\frac{r_n}{d_n}(d_n + 0.32r_n) \qquad (4-3)$$

式中：h_1，h_2，$\cdots$，h_n——各次拉深后工序件高度，mm；

d_1，d_2，$\cdots$，d_n——各次拉深后工序件直径，mm；

r_1，r_2，$\cdots$，r_n——各次拉深时工序件底部的圆角半径，mm。

D——毛坯直径，mm；

5. 拉深工艺力

拉深过程中的工艺力包括拉深力和压边力。

1）拉深力

实际生产中常用表4-7中的经验公式计算拉深力。

表4-7 拉深力计算公式 单位：N

拉深件状况		首次拉深	以后各次拉深
圆筒形件	有压边圈	$F_1 = \pi d_1 t\sigma_b K_1$	$F_n = \pi d_n t\sigma_b K_2$
	无压边圈	$F_1 = 1.25\pi(D - d_1)t\sigma_b$	$F_n = 1.3\pi(d_{n-1} - d_n)t\sigma_b$
形状复杂零件	有压边圈	$F_1 = Lt\sigma_b K_1$	$F_n = Lt\sigma_b K_2$

注：表中 D——毛坯直径，mm；

d_1，$\cdots$，d_n——各次拉深后半成品的直径，mm；

t——板料厚度，mm；

σ_b——材料的抗拉强度，MPa；

L——横截面周边长度，mm；

K_1、K_2——修正系数，其值见表4-8。

表4-8 修正系数 K_1、K_2

拉深系数 m_1	0.55	0.57	0.60	0.62	0.65	0.67	0.70	0.72	0.75	0.77	0.80	—	—	—
修正系数 k_1	1.00	0.93	0.86	0.79	0.72	0.66	0.60	0.55	0.50	0.45	0.40	—	—	—
拉深系数 m_n	—	—	—	—	—	—	0.70	0.72	0.75	0.77	0.80	0.85	0.90	0.95
修正系数 k_2	—	—	—	—	—	—	1.00	0.95	0.90	0.85	0.80	0.70	0.60	0.50

2）压边力及压边装置

（1）压边圈的应用。为了防止拉深件在拉深时起皱，通常在凸缘区施加压边圈。实际生产中是否采用压边圈，是一个相当复杂的问题，通常按表4-9所示的条件决定。

表4-9 采用或不采用压边圈的条件

拉深方法	首次拉深		以后各次拉深	
	$(t/D)\times100$	m_1	$(t/d_{n-1})\times100$	m_n
用压边圈	<1.5	<0.6	<1	<0.8
可用可不用	1.5~2.0	0.6	1~1.5	0.8
不用压边圈	>2.0	>0.6	>1.5	>0.8

（2）压边力的计算。当确定需要采用压边圈后，压边力的大小必须适当。如果压边力过大，会增加危险断面处的拉应力，工件容易拉裂；如果压边力过小，则起不到压边的作用，不能防止凸缘起皱，所以，压边力的大小应在不起皱的前提下尽可能小。表 4 – 10 列出了压边力的计算公式。

在生产中，一次拉深时的压边力也可按拉深力的 1/4 选取，即：

$$F_Q = 0.25 F_1 \qquad (4-4)$$

表 4 – 10　压边力计算公式　　　　　　　　　　　　　　　　　单位：N

拉深件状况	首次拉深	以后各次拉深
圆筒形件	$F_{Q1} = \dfrac{\pi}{4} \left[D^2 - (d_1 + 2r_{d1})^2 \right] q$	$F_{Qn} = \dfrac{\pi}{4} \left[d_{n-1}^2 - (d_n + 2r_{dn})^2 \right] q$
形状复杂零件	$F_Q = Aq$	

注：表中　　D——毛坯直径，mm；
　　　　　　$d_1, \cdots, d_n$——各次拉深凹模直径，mm；
　　　　　　$r_{d1}, \cdots, r_{dn}$——各次拉深凹模圆角半径，mm；
　　　　　　A——在压边圈上毛坯的投影面积，mm^2；
　　　　　　q——单位面积压边力，见表 4 – 11，MPa。

表 4 – 11　单位面积压边力　　　　　　　　　　　　　　　　　单位：MPa

材料名称		单位压边力	材料名称	单位压边力
铝		0.8 ~ 1.2	镀锡钢板	2.5 ~ 3.0
纯铜、硬铝（已退火）		1.2 ~ 1.8		
黄铜		1.5 ~ 2.0	耐热钢（软化状态）	2.8 ~ 3.5
软钢	$t \leqslant 0.5$ mm	2.5 ~ 3.0	高合金钢、不锈钢	3.0 ~ 4.5
	$t > 0.5$ mm	2.0 ~ 2.5		

（3）压边装置。生产中常用的压边装置有弹性压边装置和刚性压边装置两类。

① 弹性压边装置如图 4 – 12 所示。根据使用的弹性元件不同通常有 3 种形式：橡胶压边装置 [图 4 – 12（a）]、弹簧压边装置 [图 4 – 12（b）]、气垫压边装置 [图 4 – 12（c）]。

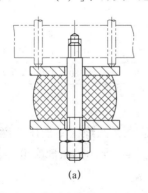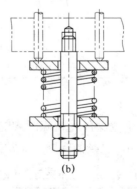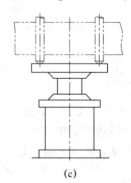

（a）　　　　　　　　　　　（b）　　　　　　　　　　　（c）

图 4 – 12　弹性压边装置

弹性压边装置的压边力是依靠弹性元件被压缩而产生的，使用方便、广泛。但随着拉深的进行，所需的压边力逐渐减小，橡胶与弹簧提供的压边力却正好与此相反，随着拉深深度的增加而增加，尤以橡胶压边装置更为严重，这种工作情况容易导致零件拉裂，故橡胶及弹簧结构通常只适用于浅拉深。为克服以上缺点，对于拉深薄板或带有宽凸缘的零件时，常采用带限位装置的压边圈，如图 4-13 所示。拉深过程中压边圈与凹模之间始终保持一定的距离 s。拉深钢件时，$s = 1.2t$；拉深铝合金时，$s = 1.1t$；拉深带凸缘零件时，$s = t + (0.05 \sim 1)$ mm。

气垫压边力随行程变化极小，可认为是不变的，压边效果好，但其结构复杂，制造、维修不易，且使用压缩空气，其应用受到限制。

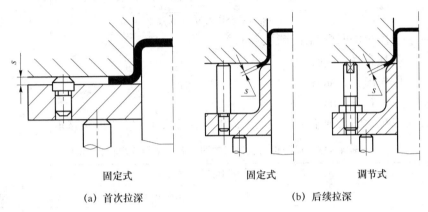

|固定式|固定式|调节式|
|(a) 首次拉深|(b) 后续拉深|

图 4-13 带限位装置的压边圈

② 刚性压边装置如图 4-14 所示。这种结构主要用于双动压力机上，拉深力由压力机的内滑块提供，压边力由外滑块提供，且压边力不随行程变化，拉深效果较好，模具结构简单，多用于大型工件的拉深。

3）拉深工艺力

拉深工艺力 $F_总$ 为：

$$F_总 = F + F_Q$$

式中：F——拉深力，N；

F_Q——压边力，N。

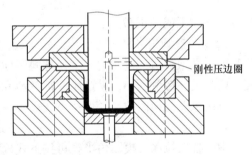

图 4-14 刚性压边装置

对于单动压力机，其公称压力 $F_设$ 应大于拉深工艺力。选择压力机公称压力时必须注意，当拉深工作行程较大，尤其落料、拉深复合时，不能简单地将落料力与拉深力叠加，按压力机公称压力大于总工艺力的原则去确定压力机规格（因为压力机的公称压力是指滑块接近下死点时的压力），而应使工艺力曲线位于压力机滑块的许用压力曲线之下，否则，很可能由于过早地出现最大冲压力而使压力机超载损坏，如图 4-15 所示。

在实际生产中，拉深时可按下式来确定压力机的公称压力 $F_设$。

浅拉深：$F_设 \geqslant (1.6 \sim 1.8) F_总$

深拉深：$F_设 \geqslant (1.8 \sim 2.0) F_总$

式中，当 $F_总$ 在复合冲压时，还包括其他力。

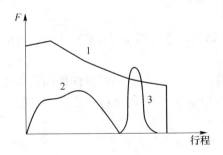

图 4-15 压力曲线

1—压力机的压力曲线；

2—拉深力；3—落料力

6. 拉深凸、凹模工作部分尺寸设计

1）凸、凹模圆角半径

（1）凹模圆角半径 r_d。凹模圆角半径的大小对拉深件的质量、拉深力的大小、拉深模的寿命都有很大的影响，因此，合理选择凹模圆角半径极为重要。

筒形件首次（包括只有一次）拉深凹模圆角半径可按下式计算：

$$r_{d1} = 0.80\sqrt{(D-d)t} \tag{4-5}$$

式中：r_{d1}——首次拉深凹模圆角半径，mm；

　　　D——毛坯直径，mm；

　　　d——凹模内径，mm；

　　　t——工件料厚，mm。

筒形件首次拉深凹模圆角半径的大小，也可参考表 4-12 中的值选取。

表 4-12　筒形件首次拉深的凹模圆角半径（单位：mm）

拉深方式	毛坯的相对厚度 $(t/D) \times 100$				
	2.0~1.5	1.5~1.0	1.0~0.6	0.6~0.3	0.3~0.1
无凸缘	$(4~7)t$	$(5~8)t$	$(6~9)t$	$(7~10)t$	$(8~13)t$
有凸缘	$(6~10)t$	$(8~15)t$	$(10~16)t$	$(12~18)t$	$(15~22)t$

注：材料性能好且润滑好时取小值。

以后各次拉深凹模圆角半径应逐步减小，一般按下式确定：

$$r_{dn} = (0.6~0.8)r_{d(n-1)} \tag{4-6}$$

但应保证大于或等于 $2t$。

（2）凸模圆角半径 r_p。凸模圆角半径的大小没有凹模圆角半径的大小对拉深的影响大，但其值也必须合适，过小的 r_p 会使危险断面受拉力大，工件易产生局部变薄；过大的 r_p 则会使凸模与毛坯接触面小，易产生底部变薄和内部起皱。

首次拉深凸模圆角半径可按下式确定：

$$r_{p1} = (0.7~1.0)r_{d1} \tag{4-7}$$

中间各次拉深凸模圆角半径可按下式确定：

$$r_{P(n-1)} = \frac{d_{n-1} - d_n - 2t}{2} \tag{4-8}$$

式中：d_{n-1}、d_n——各道工序的外径，mm；

　　　　t——工件料厚，mm。

对于中间各次拉深工序，凸、凹模的圆角半径可作适当调整。当拉深系数较大时，可取小些，一般情况下可取 $r_p = r_d$。

最后一次拉深时，凸模圆角半径 r_{p_n} 应等于拉深件的内圆角半径 r。但当拉深件圆角半径小于拉深工艺要求时，则凸模的圆角半径应按工艺性要求确定（即 $r_{p_n} \geq t$），然后通过整形工序得到零件要求的圆角半径。

2）凸、凹模的间隙 c

拉深凸、凹模的间隙是指单边间隙，即凹模与凸模直径之差的一半。拉深时，间隙的大小对拉深件的质量、拉深力的大小、拉深模的寿命都有很大的影响。如果间隙过大，工件容易起皱，精度差；如果间隙过小，摩擦加剧，导致工件变薄严重，甚至拉裂。因此，正确选

择拉深凸、凹模间隙是很重要的。其确定原则是：既要考虑板料本身的公差，又要考虑板料的增厚现象，间隙一般都比毛坯厚度略大一些。

（1）无压边圈的拉深模。其间隙按下式确定：

$$c = (1 \sim 1.1)t_{max} \qquad (4-9)$$

式中：c——拉深模单边间隙，mm；

t_{max}——板料的最大厚度，mm。

对于末次拉深或精密零件的拉深，取式中的较小值；对于首次或中间各次拉深，取较大值。

（2）有压边圈的拉深模。其间隙值可按表4-13确定。实际生产中，有压边圈的拉深模其间隙也可按下式确定：

$$c = t_{max} + \mu t \qquad (4-10)$$

式中：μ——增大间隙的系数，可查表4-14。

表4-13 有压边圈拉深时的单边间隙值

总拉深次数	拉深工序	单边间隙 c	总拉深次数	拉深工序	单边间隙 c
1	第1次	$(1 \sim 1.1)t$	4	第1、2次	$1.2t$
				第3次	$1.1t$
2	第1次	$1.1t$		第4次	$(1 \sim 1.05)t$
	第2次	$(1 \sim 1.05)t$			
3	第1次	$1.2t$	5	第1、2、3次	$1.2t$
	第2次	$1.1t$		第4次	$1.1t$
	第3次	$(1 \sim 1.05)t$		第5次	$(1 \sim 1.05)t$

注：（1）t——材料厚度，取厚度偏差的中间值，mm。
（2）当拉深精密零件时，末次拉深间隙取 $c = (0.9 \sim 0.95)t$。

表4-14 增大间隙的系数 μ 值

拉深工序数		材料厚度 t/mm		
总次数	工序	0.5~2	2~4	4~6
1	第1次	0.2/0.1	0.1/0.08	0.1/0.06
2	第1次	0.3	0.25	0.2
	第2次	0.1	0.1	0.1
3	第1次	0.5	0.4	0.35
	第2次	0.3	0.25	0.2
	第3次	0.1/0.08	0.1/0.06	0.1/0.05
4	第1、2次	0.5	0.4	0.35
	第3次	0.3	0.25	0.2
	第4次	0.1/0	0.1/0	0.1/0
5	第1、2次	0.5	0.4	0.35
	第3次	0.5	0.4	0.35
	第4次	0.3	0.25	0.2
	第5次	0.1/0.08	0.1/0.06	0.1/0.05

注：（1）表中数值适用于一般精度（自由公差）零件的拉深；
（2）具有分数的地方，分母的数值适用于精密零件（IT10~IT12级）的拉深。

3）凸、凹模工作部分的尺寸及公差

凸、凹模工作部分尺寸的确定主要考虑模具的磨损和拉深件的回弹。对于最后一道工序的拉深模，其凸、凹模工作部分的尺寸应按拉深件的要求确定。

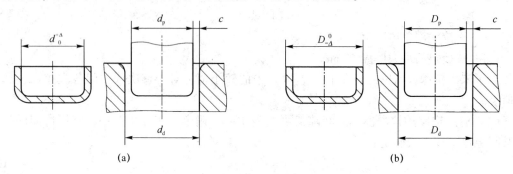

图 4 – 16　拉深凸、凹模尺寸计算

如图 4 – 16（a）所示，拉深件尺寸标在内形，应以凸模为基准件，间隙取在凹模上，凸、凹模尺寸的计算公式为：

$$d_p = (d_{min} + 0.4\Delta)_{-\delta_p}^{0} \tag{4-11}$$

$$d_d = (d_{min} + 0.4\Delta + 2c)_{0}^{+\delta_d} \tag{4-12}$$

如图 4 – 16（b）所示，拉深件尺寸标在外形，应以凹模为基准件，间隙取在凸模上，凸、凹模尺寸的计算公式为：

$$D_d = (D_{max} - 0.75\Delta)_{0}^{+\delta_d} \tag{4-13}$$

$$D_p = (D_{max} - 0.75\Delta - 2c)_{-\delta_p}^{0} \tag{4-14}$$

式中：d_p、D_p——凸模基本尺寸，mm；

d_d、D_d——凹模基本尺寸，mm；

d_{min}——拉深件内形的最小极限尺寸，mm；

D_{max}——拉深件外形的最大极限尺寸，mm；

Δ——工件尺寸公差；

δ_p、δ_d——凸、凹模的制造公差，见表 4 – 15；

c——拉深模单边间隙，mm。

表 4 – 15　拉深凸、凹模的制造公差　　　　　　　　单位：mm

材料厚度 t/mm	拉深件直径/mm					
	≤20		20 ~ 100		>100	
	δ_p	δ_d	δ_p	δ_d	δ_p	δ_d
≤0.5	0.01	0.02	0.02	0.03	—	—
0.5 ~ 1.5	0.02	0.04	0.03	0.05	0.05	0.08
>1.5	0.04	0.06	0.05	0.08	0.06	0.10

注：凸、凹模的制造公差也可按标准公差 IT6 ~ IT10 级选取，工件公差小的可提高至 IT6 ~ IT8 级，公差大的可取 IT10 级。

对于多次拉深，其中间工序件的尺寸无须严格要求，凸、凹模的尺寸可按下式计算：

$$D_d = D_i{}_{0}^{+\delta_d} \tag{4-15}$$

$$D_p = (D_i - 2c)_{-\delta_p}^{0} \qquad (4-16)$$

式中：D_i——各工序件外径的基本尺寸，mm。

4）拉深凸模的出气孔尺寸

为了便于取出工件，拉深凸模应钻出气孔，其尺寸可参考表4-16。

表 4-16　拉深凸模出气孔尺寸　　　　单位：mm

凸模直径/mm	~50	>50~100	>100~200	>200
出气孔直径	5	6.5	8	9.5

4.2.6　拉深模具设计要点

拉深模具在试模时往往不能一次成形，要经过多次修模，才能达到理想的效果。这是因为拉深成形过程中影响成形质量的因素很复杂，这就要求拉深模具在设计时需考虑更多因素，同时，在实践中不断积累经验，对拉深模的设计也是大有裨益的。

（1）首次无压边拉深模具一般采用正装结构，这样出料方便；带压边的首次拉深模具，一般采用倒装结构，其压边力由连接在下模座的弹性压边装置提供；落料拉深复合模具宜采用落料凹模、拉深凸模在下，凸凹模在上的正装结构，工件质量容易保证。

（2）对于形状复杂或需多次拉深的拉深件，一般很难确切地计算出坯料形状和尺寸，往往经反复试验拉深确定出准确的毛坯尺寸之后，再设计和制造首次工序的落料模具，以避免造成浪费。

（3）凸、凹模圆角半径在设计时尽可能采用小的容许值，以便给后续修模带来方便。

（4）拉深模具设计时，要对拉深工艺进行准确计算，尤其是多次拉深才能成形的模具。其拉深次数、各次拉深工序件的尺寸应满足拉深变形工艺的要求，否则，即便设计得再好，也难以拉深成形。

（5）大中型拉深模凸模必须要有通气孔，以便制品能从凸模上安全卸下。

（6）在设计落料、拉深复合模具时，落料凹模的刃口应高于拉深凸模的上平面，一般为2~5 mm，以利于冲裁与拉深工序先后进行，也使冲裁刃口能有足够的修磨余量，提高模具寿命。

4.3　项目实施

4.3.1　桶盖的工艺性分析

桶盖的零件图如图4-1所示，材料为10号钢，料厚为1.2 mm，大批量生产。此项目要求完成其落料、拉深工序的模具设计工作。

该制件是直壁圆筒形件，要求内形尺寸为φ82，没有厚度不变的要求。

底部圆角半径 $r_p = 3 > t$，满足拉深工艺对形状和尺寸的要求，能够一次拉深成形。

制件的尺寸均为未注公差，采用普通拉深都可达到。

制件材料10号钢是常用的冲压材料，塑性较好，易于拉深成形，因此，该制件的冲压工艺性较好。

4.3.2　确定工艺方案和模具结构

为了确定工艺方案，首先应计算毛坯尺寸并确定拉深次数（以下尺寸均为中线尺寸代入）。

1. 确定修边余量 δ

根据拉深件的高度 25.4 mm 和相对高度 $h/d=25.4/83.2\approx0.31$，查表 4-1 得修边余量 $\delta=2.0$ mm（表中无此列可取近似值）。

2. 计算毛坯直径 D（加上修边余量在内）

查表 4-3 得：

$$
\begin{aligned}
D &= \sqrt{d_1^2 + 4d_2h + 6.28rd_1 + 8r^2}\\
&= \sqrt{76^2 + 4\times83.2\times23.8 + 6.28\times3.6\times76 + 8\times3.6^2}\\
&= 124.57\\
&\approx 125(\text{mm})
\end{aligned}
$$

式中各符号的含义见表 4-3。

毛坯尺寸也可以通过软件计算出拉深件加上修边余量后的体积 V，根据拉深前后体积不变原理，即 $\frac{\pi}{4}D^2t=V$，计算出毛坯直径 D。

3. 确定拉深次数

由毛坯相对厚度 $\frac{1.2}{125}\times100=0.96$，查表 4-9 可知首次拉深需要采用压边圈。查表 4-4 得此拉深件第 1 次拉深的极限拉深系数为 $m_1=0.55$，此制件的总拉深系数为 $m_总=83.2/125=0.67$，$m_总>m_1$ 则可以一次拉深成功。

4. 确定冲压工艺方案

该制件需要的基本冲压工序为落料、拉深、切边，根据上述分析的结果及生产批量，确定生产该制件的工艺方案为先落料与拉深复合、再切边（这里仅要求设计落料、拉深复合模具）。

5. 确定模具结构

对于落料、拉深复合模具通常采用正装的模具结构，如图 4-9 所示，因为此模具工作行程较大，故决定采用刚性卸料装置。拉深时通过连接在下模的弹顶器及压边圈进行压边，拉深结束后靠它顶出制件，使制件留在凸、凹模中，最后，由推杆及推件块推出。

4.3.3　工艺计算及相关选择

1. 排样设计

（1）为保证冲裁件质量，排样方式采用有废料直排。

（2）搭边值。查表 1-9 得最小工艺间距为 0.8 mm，可取 $a_1=1.5$ mm；最小工艺边距为 1.0 mm，可取 $a=2.0$ mm。

注：若此时为节约材料而选用较小的搭边值，对于 2 000 mm 长的条料来说，最后也节约不出一个制件。所以，考虑模具结构，此时搭边值可适当放大。

（3）条料宽度。要求手动送料，使条料紧贴一侧导料销（板）。查表 1-12 可得条料宽度的下料偏差为 $\Delta=1.0$ mm。

$$B = (D + 2a + \Delta)_{-\Delta}^{0}$$

$$= (125 + 2 \times 2.0 + 1.0)_{-1.0}^{0}$$

$$= 130_{-1.0}^{0} (\text{mm})$$

（4）送料步距：$A = L + a_1 = 125 + 1.5 = 126.5$（mm）

（5）材料利用率（板料规格 1 000 mm × 2 000 mm）

① 板料纵裁利用率。

条料数量：

$$n_1 = 1\ 000/130 = 7(\text{条}) \quad \text{余 90 mm}$$

每条零件数量：

$$n_2 = (2000 - 1.5)/126.5 = 15(\text{个}) \quad \text{余 101 mm}$$

每张板料可冲零件总数：

$$n = 7 \times 15 = 105(\text{个})$$

一张板料总的材料利用率：

$$\eta = \frac{nS}{A \times B} = \frac{105 \times 3.14 \times \dfrac{125^2}{4}}{1\ 000 \times 2\ 000} \times 100\% \approx 64.39\%$$

② 板料横裁利用率。

条料数量：

$$n_1 = 2\ 000/130 = 15(\text{条}) \quad \text{余 50 mm}$$

每条零件数量：

$$n_2 = (1\ 000 - 1.5)/126.5 = 7(\text{个}) \quad \text{余 113 mm}$$

每张板料可冲零件总数：

$$n = 15 \times 7 = 105(\text{个})$$

一张板料总的材料利用率：

$$\eta = \frac{nS}{A \times B} = \frac{105 \times 3.14 \times \dfrac{125^2}{4}}{1\ 000 \times 2\ 000} \times 100\% \approx 64.39\%$$

因此，板料采用横裁还是纵裁都可以，材料的利用率基本一样。

（6）排样图。桶盖排样图如图 4 - 17 所示。

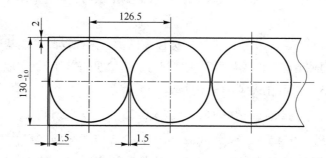

图 4 - 17　桶盖排样图

2. 计算拉深工艺力，选择压力机

该模具采用刚性卸料装置，总冲压工艺力为：

$$F_\text{总} = F_\text{落} + F_\text{拉} + F_\text{压}$$

对于材料 10 号钢，可取 $\sigma_\text{b} = 400$ MPa

$$F_\text{落} = Lt\sigma_\text{b} = 125 \times 3.14 \times 1.2 \times 400 = 188\,400\,(\text{N}) = 188.4\ \text{kN}$$

$F_\text{拉} = \pi d_1 t \sigma_\text{b} K_1 = 3.14 \times 83.2 \times 1.2 \times 400 \times 0.66 = 82\,763.37\ (\text{N}) \approx 82.8\ \text{kN}$（$K_1$ 为修正系数，可由表 4-8 查得）

$$F_\text{压} = 0.25\,F_\text{拉} = 0.25 \times 82.8 = 20.7\,(\text{kN})$$

总冲压工艺力为：

$$
\begin{aligned}
F_\text{总} &= F_\text{落} + F_\text{拉} + F_\text{压} \\
&= 188.4 + 82.8 + 20.7 \\
&= 291.9\,(\text{kN})
\end{aligned}
$$

对于浅拉深 $F_\text{设} \geq (1.6 \sim 1.8)\,F_\text{总}$，可初步选择开式可倾压力机，型号为 J23-63，其公称压力为 630 kN；最小装模高度为 200 mm，最大装模高度为 280 mm；模柄孔直径为 50 mm、深为 80 mm。

3. 确定凸、凹模工作部分尺寸

1）落料

查表 1-15 得冲裁间隙 $Z_{\min} = 0.13$ mm、$Z_{\max} = 0.16$ mm。

凸、凹模采用分开加工法，对于尺寸 $\phi 125_{-1.0}^{\ 0}$ mm（IT14 级），查表 1-18 选磨损系数 $x = 0.5$。查表 1-16 得凸、凹模制造公差：

$$-\delta_\text{凸} = -0.03\ \text{mm}$$
$$+\delta_\text{凹} = +0.04\ \text{mm}$$

因为此落料毛坯拉深后必须经切边来保证拉深件的高度，故无须按公式 $Z_{\max} - Z_{\min} \geq |\delta_\text{p}| + |\delta_\text{d}|$ 进行校核。

$$D_\text{凹} = (D_{\max} - x\Delta)_{0}^{+\delta_\text{凹}} = (125 - 0.5 \times 1.0)_{0}^{+0.04} = 124.5_{0}^{+0.04}\,(\text{mm})$$
$$D_\text{凸} = (D_{\max} - x\Delta - Z_{\min})_{-\delta_\text{凸}}^{0} = (124.5 - 0.13)_{-0.03}^{0} = 124.37_{-0.03}^{0}\,(\text{mm})$$

2）拉深

（1）凸、凹模间隙 c。查表 4-13，总拉深次数为 1 次时，单边间隙 $c = (1 \sim 1.1)\,t$，这里 c 取 1.2 mm。

（2）凸、凹模工作尺寸。由于制件尺寸标注在内形，因此以凸模作基准，先计算凸模的尺寸，然后再加上间隙值确定凹模尺寸。工件尺寸公差 Δ 可按 IT12 级选取，即 $\phi 82_{0}^{+0.35}$ mm，凸、凹模制造公差 δ_p、δ_d 可在表 4-15 中选取。

$$d_\text{p} = (d_{\min} + 0.4\Delta)_{-\delta_\text{p}}^{0} = (82 + 0.4 \times 0.35)_{-0.03}^{0} = 82.14_{-0.03}^{0}\,(\text{mm})$$
$$d_\text{d} = (d_{\min} + 0.4\Delta + 2c)_{0}^{+\delta_\text{d}} = (82.14 + 2 \times 1.2)_{0}^{+0.05} = 84.54_{0}^{+0.05}\,(\text{mm})$$

（3）凸、凹模圆角半径。查表 4-12，根据毛坯相对厚度 0.96 得凹模圆角半径为 $(6 \sim 9)\,t$，这里可取 $r_\text{d} = 8$ mm。

由于一次能够拉深完成，因此，可取凸模圆角半径等于拉深件的圆角半径，即凸模圆角半径 $r_\text{p} = 3$ mm。

4.3.4 主要零部件设计与选择

1. 落料凹模

拉深工作行程应大于 36 mm（制件高度与拉深凹模圆角半径之和），因落料凹模孔内要放有压边圈，压边圈一般选台阶式，厚度可初选 17 mm，故凹模厚度可初选 $H_凹 = 57$ mm。

落料凹模壁厚 c 可取 45 mm 左右。

落料凹模外形尺寸 $L = 125 + 2c = 125 + 2 \times 45 = 215$（mm），设计时可取 220 mm。这里凹模外形选矩形，故凹模周界可取 220 mm × 220 mm。

落料凹模材料选用 Cr12，热处理至 58～64HRC。

2. 拉深凸模

拉深凸模可采用台阶式固定，它的长度与固定板和落料凹模的厚度有关，并应保证拉深凸模的顶面稍低于落料凹模（这里取 2 mm）。

凸模固定板厚度初选 25 mm，与凸模 H7/m6 配合，材料选用 Q235。

凸模长度初步定为 $L_凸 = 57 + 25 - 2 = 80$（mm），材料选用 Cr12，热处理至 56～62HRC。因凸模截面较大，可不加垫板。

3. 凸凹模

凸凹模固定板厚度初选 30 mm，与凸凹模外形 H7/m6 配合，材料选用 Q235。

卸料板与导料板选择整体结构，厚度初选 18 mm。因卸料板只起卸料作用，故凸凹模与卸料板的双边间隙可取（0.2～0.5）t，这里取 0.5 mm，材料选用 45 号钢，热处理至43～48HRC。

凸凹模固定板与卸料板之间的距离初选 12 mm，凸凹模进入凹模深度为落料凹模厚度与压边圈厚度之差 57 - 17 = 40（mm）。

凸凹模厚度初步定为 30 + 12 + 18 + 40 = 100（mm），材料选用 Cr12，热处理至58～62HRC。

上垫板厚度初选 15 mm，材料选用 45 号钢，热处理至 43～48HRC。

4. 压边圈

压边圈厚度为 17 mm，工作结束时，压边圈已与凹模脱离，为保证复位时压边圈与凹模的配合能顺利滑动，不发生干涉，压边圈与凸模应采用较小的间隙配合，故压边圈内孔可按 H7 级公差制造；压边圈与凹模内形采用较大的间隙配合，这里取单边间隙 0.15 mm。材料选用 T8A，热处理至 54～58HRC。

因工作行程较大，压边力可由装在凹模下面的通用弹顶器提供。

5. 推件块

推件块厚度可取 55 mm，与凸凹模内形之间的单边间隙选 0.1 mm，材料选用 45 号钢，热处理至 43～48HRC。

6. 选择标准模架

可根据凹模周界选择模架。这里初步选择标准模架为：滑动导向模架 后侧导柱 250 × 250 × 240～285 Ⅰ GB/T 2851—2008。最小闭合高度为 240 mm，最大闭合高度为 285 mm；上模座厚为 50 mm，下模座厚为 65 mm。

4.3.5 校核模具闭合高度

初步确定模具闭合高度为：$H = 50 + 15 + 100 + 17 + 25 + 65 = 272$（mm），在模架闭合高度范围内。

和压力机装模高度 200～280 mm 进行校核，模具闭合高度也在压力机的装模高度范围内。

4.3.6 绘制桶盖落料、拉深复合模具装配图

按已经确定的模具结构形式及相关参数，绘制桶盖落料、拉深复合模具装配图，如图 4－18 所示。以上确定的模具零件结构尺寸，在绘制装配图时还需根据具体情况进一步合理调整。

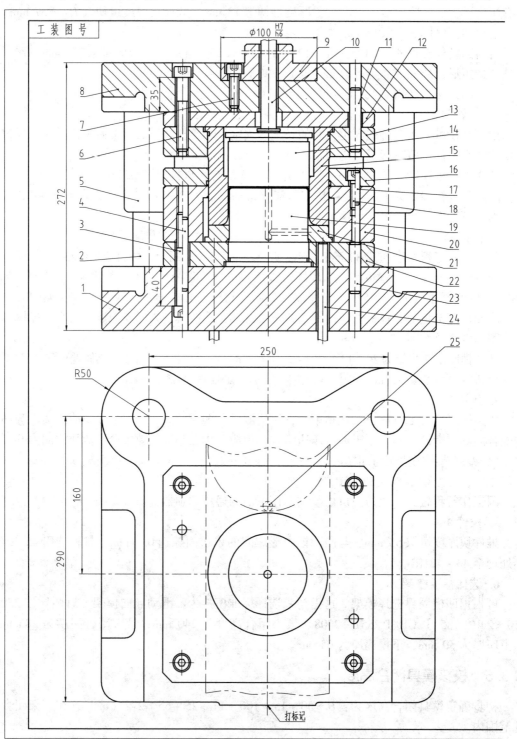

图4-18 桶盖落料、

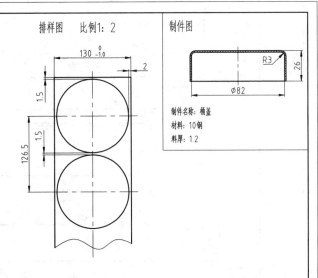

排样图　比例1：2

130 $^{0}_{-1.0}$

2

1.5

126.5

1.5

制件图

R3

26

φ82

制件名称：桶盖
材料：10钢
料厚：1.2

模架选用：滑动导向模架 后侧导柱 250×250×240～285 I GB/T 2851—2008

25	固定挡料销	1		A10×6×3	JB/T7649.10		
24	顶杆	4		φ10×140	JB/T7650.3		
23	圆柱销	2		φ12×50	GB/T119.2		
22	拉深凸模固定板	1	Q235				6
21	压边圈	1	T8A			HRC54～58	3
20	落料凹模	2	Cr12			HRC58～64	2
19	拉深凸模	1	Cr12			HRC56～62	4
18	内六角螺钉	4		M10×30	GB/T70.1		
17	圆柱销	2		φ10×35	GB/T119.2		
16	卸料版	1	45			HRC43～48	5
15	凸凹模	1	Cr12			HRC58～62	3
14	推件块	1	45			HRC43～48	4
13	凸凹模固定板	1	Q235				7
12	垫板	1	45			HRC43～48	8
11	圆柱销	2		φ12×65	GB/T119.2		
10	推杆	1		A16	JB/T7650.1		
9	模柄	1		B50×100	JB/T7646.3		
8	上模座	1			GB/T2855.1		
7	内六角螺钉	4		M10×35	GB/T70.1		
6	内六角螺钉	4		M12×75	GB/T70.1		
5	导套	2			GB/T2861.3		
4	圆柱销	2		φ12×75	GB/T119.2		
3	内六角螺钉	4		M12×95	GB/T70.1		
2	导柱	2			GB/T2861.1		
1	下模座	1			GB/T2855.2		
件号	名　称	数量	材料	规　格	标　准　号	附　注	页次

设计		桶盖落料、拉深复合模具	使用设备	J23-63	
校核			制件名称	桶盖	
审核		（制件号）	使用单位	冲压	比例 1：1
标准化			工序	1	共8页 第1页
会签		（单位）	（工装图号）		

拉深复合模具装配图

4.3.7 绘制桶盖落料、拉深复合模具零件图

根据模具装配图，拆画模具非标准零件的零件图，如图4-19至图4-25所示。

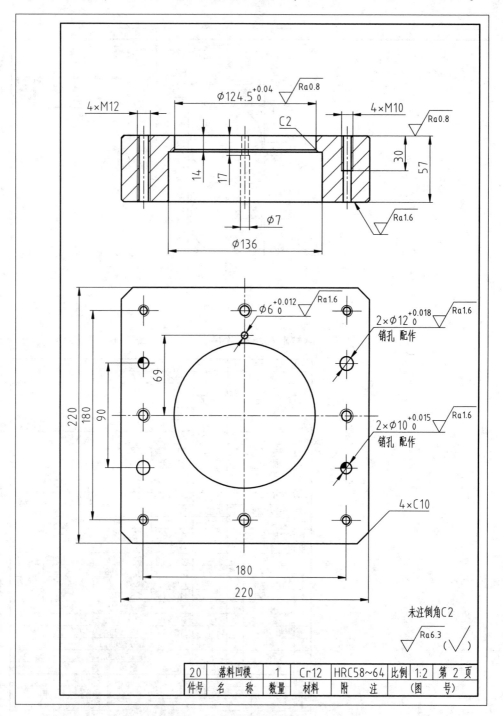

| 20 | 落料凹模 | 1 | Cr12 | HRC58~64 | 比例 1:2 | 第 2 页 |
| 件号 | 名　称 | 数量 | 材料 | 附　注 | （图　号） | |

图4-19　落料凹模零件图

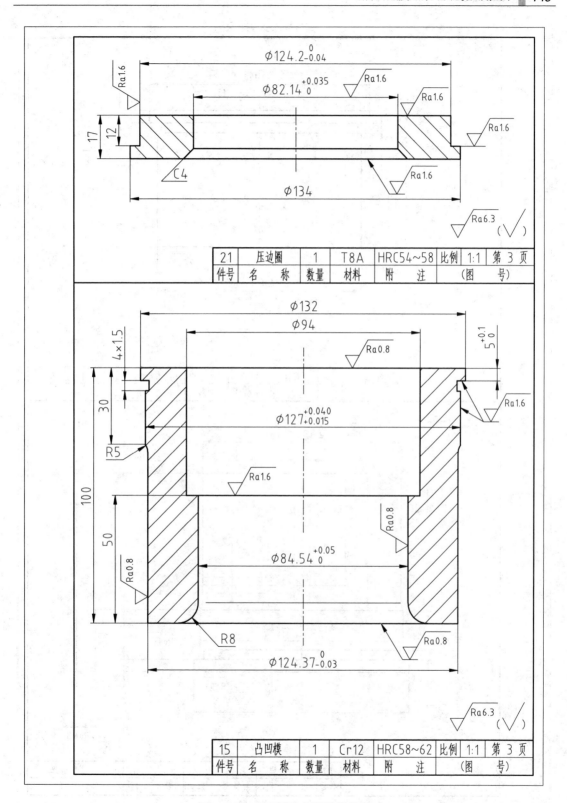

图 4-20 压边圈及凸凹模零件图

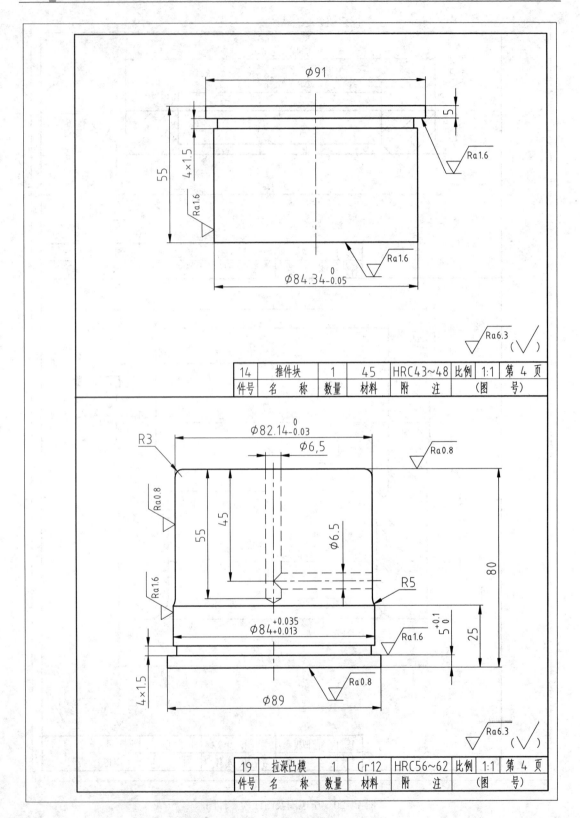

图 4-21　推件块及拉深凸模零件图

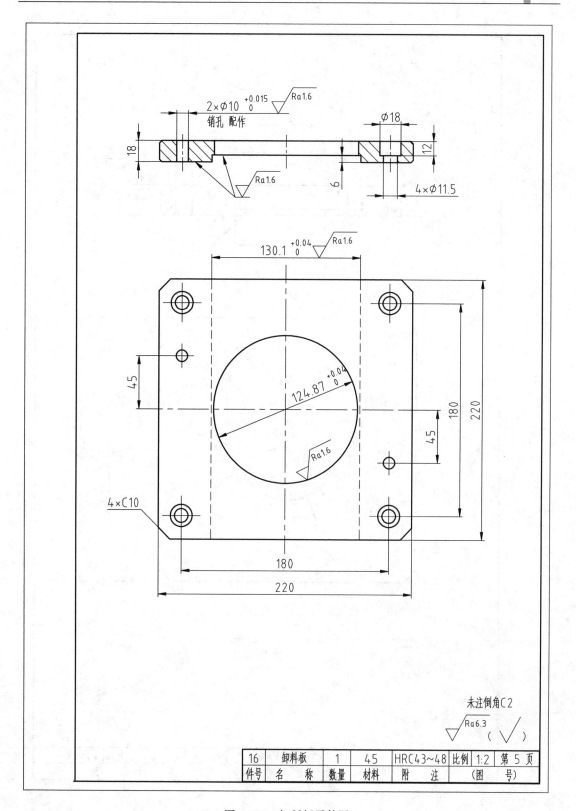

图 4－22　卸料板零件图

16	卸料板	1	45	HRC43~48	比例	1:2	第 5 页
件号	名　称	数量	材料	附　注		(图 号)	

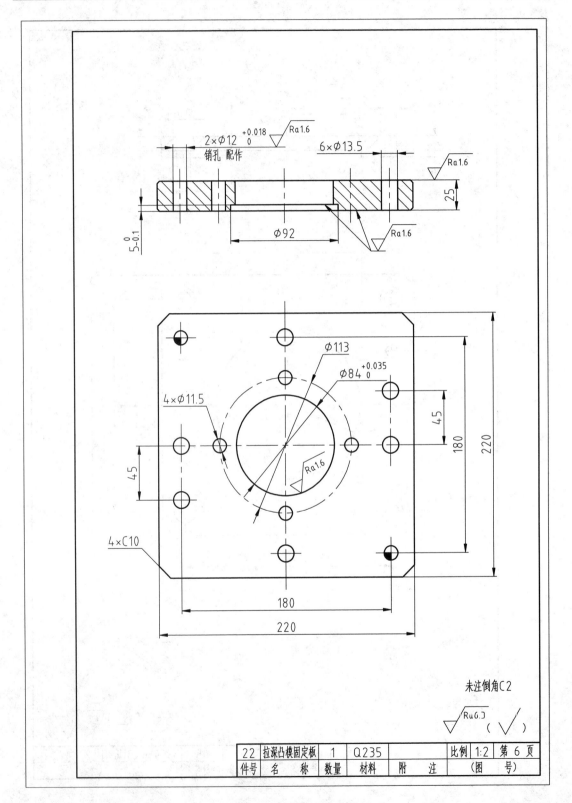

22	拉深凸模固定板	1	Q235			比例 1:2	第 6 页
件号	名　称	数量	材料	附　　注		（图　　号）	

图 4－23　拉深凸模固定板零件图

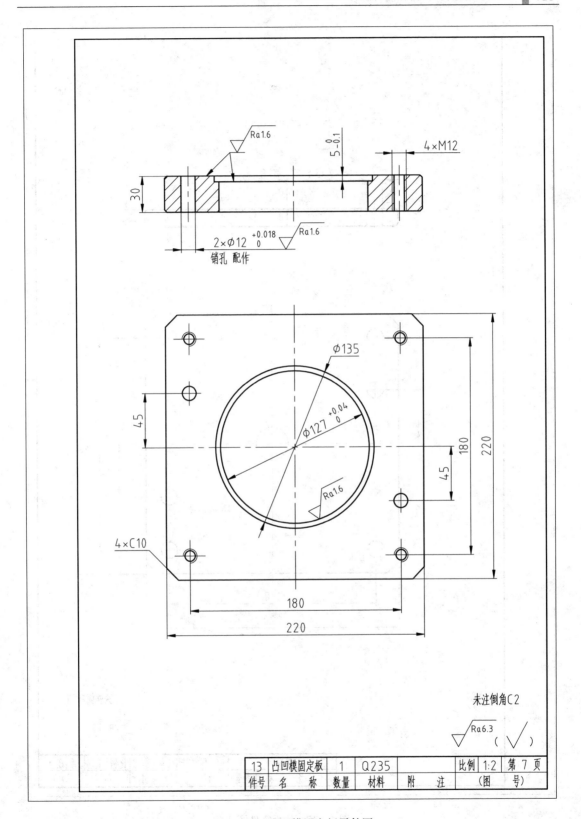

13	凸凹模固定板	1	Q235		比例	1:2	第 7 页
件号	名 称	数量	材料	附 注		(图 号)	

图4-24 凸凹模固定板零件图

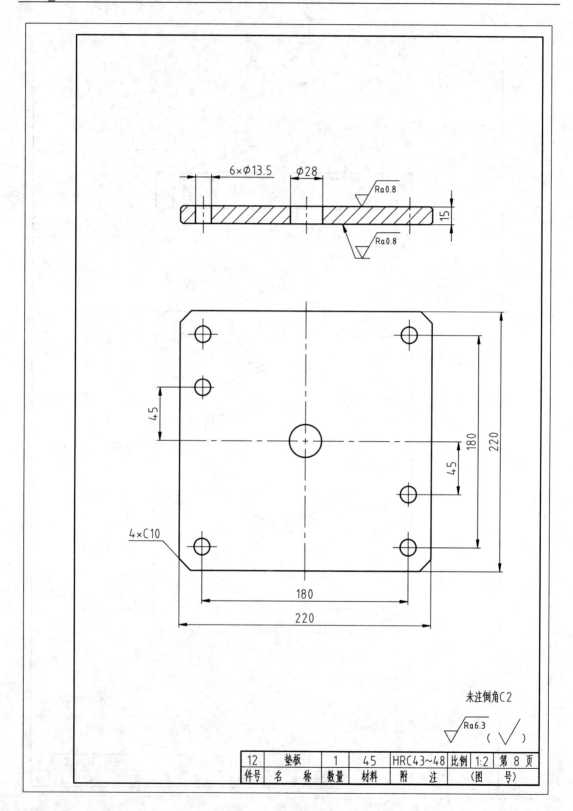

12	垫板	1	45	HRC43~48	比例 1:2	第 8 页
件号	名 称	数量	材料	附 注	(图 号)	

图 4-25 垫板零件图

4.4 拉深拓展——带凸缘筒形件拉深

带凸缘筒形件的拉深变形原理与一般筒形件是相同的。凸缘件有小凸缘和宽凸缘之分，把 $d_t/d \leqslant 1.1 \sim 1.4$ 的凸缘件称为小凸缘件，$d_t/d > 1.4$ 的凸缘件称为宽凸缘件。

4.4.1 小凸缘件的拉深

小凸缘件拉深时的工艺计算可按筒形件处理，若需多次拉深成形，只在最后一、二次拉深时拉出凸缘或带锥形的凸缘，最后校平成水平凸缘，工艺过程如图4-26所示。

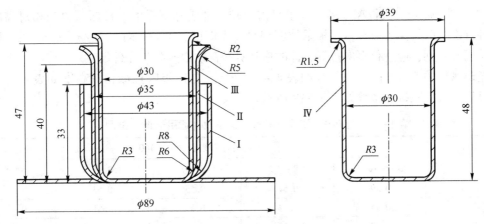

图4-26 小凸缘件的拉深工艺过程

注：Ⅰ、Ⅱ、Ⅲ、Ⅳ分别为各次拉深后制件形状。

4.4.2 宽凸缘件的拉深

如果通过极限拉深系数或相对高度判断，凸缘件不能一次拉深成功，则需进行多次拉深。

1. 拉深方法

一般在第一次拉深时，就把凸缘拉深到成品零件的尺寸（包括修边余量），为避免在以后的拉深过程中凸缘受拉变形，通常第一次拉深时就把拉入凹模的坯料面积加大3%~5%，而在以后的拉深过程中保持已经成形的凸缘外径不再收缩，仅仅减小筒部直径，逐步达到零件尺寸要求。

实际生产中，宽凸缘件多次拉深筒部直径缩小的方法通常有如下两种。

（1）凸、凹模圆角半径保持不变，采用逐步缩小筒部直径来增加凸缘宽度和筒部高度，如图4-27（a）所示。这种方法拉深时不容易起皱，但容易在工件上留下各次拉深的痕迹，故零件表面质量较差，一般需在最后增加整形工序。适用于中小型、料薄的零件。

（2）第一次拉深时采用较大的凸、凹模圆角半径，使零件的高度基本成形，以后各次拉深时，靠减小凸、凹模圆角半径和筒部直径，以加大凸缘宽度，如图4-27（b）所示。这种方法拉深的零件，表面质量较好，但第一拉深时容易起皱，故只适用于相对厚度较大、不易起皱的较大零件。

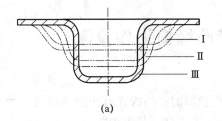 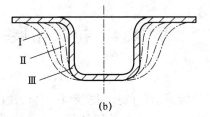

图 4 - 27　宽凸缘件拉深方法

注：图中 Ⅰ、Ⅱ、Ⅲ分别为各次拉深后制件形状。

2. 宽凸缘件拉深工艺计算

（1）毛坯尺寸计算。毛坯尺寸仍按面积相等原理进行，计算公式可参考表 4 - 3，修边余量可查表 4 - 2。

（2）判断能否一次拉深成形。这里只需比较工件实际所需的总拉深系数和相对高度与凸缘件首次极限拉深系数和首次极限拉深相对高度即可。当 $m_总 > m_1$，$h/d < h_1/d_1$ 时，即可一次拉成，否则，应进行多次拉深，此时应计算拉深次数及各工序件尺寸。

宽凸缘件的首次极限拉深系数如表 4 - 17 所示，首次极限拉深相对高度如表 4 - 18 所示，以后各次极限拉深系数如表 4 - 19 所示。

表 4 - 17　宽凸缘件的首次极限拉深系数（适用于 08、10 号钢）

凸缘相对直径 d_t/d	毛坯相对厚度（t/D）×100				
	0.06 ~ 0.2	0.2 ~ 0.5	0.5 ~ 1.0	1.0 ~ 1.5	>1.5
≤1.1	0.59	0.57	0.55	0.53	0.51
>1.1 ~ 1.3	0.55	0.54	0.53	0.51	0.49
>1.3 ~ 1.5	0.52	0.51	0.50	0.49	0.47
>1.5 ~ 1.8	0.48	0.48	0.47	0.46	0.45
>1.8 ~ 2.0	0.45	0.45	0.44	0.43	0.42
>2.0 ~ 2.2	0.42	0.42	0.42	0.41	0.40
>2.2 ~ 2.5	0.38	0.38	0.38	0.38	0.37
>2.5 ~ 2.8	0.35	0.35	0.34	0.34	0.33
>2.8 ~ 3.0	0.33	0.33	0.32	0.32	0.31

表 4 - 18　宽凸缘件的首次极限拉深相对高度（适用于 08、10 号钢）

凸缘相对直径 d_t/d	毛坯相对厚度（t/D）×100				
	0.06 ~ 0.2	0.2 ~ 0.5	0.5 ~ 1.0	1.0 ~ 1.5	1.5
≤1.1	0.45 ~ 0.52	0.50 ~ 0.62	0.57 ~ 0.70	0.60 ~ 0.80	0.75 ~ 0.90
>1.1 ~ 1.3	0.40 ~ 0.47	0.45 ~ 0.53	0.50 ~ 0.60	0.56 ~ 0.72	0.65 ~ 0.80
>1.3 ~ 1.5	0.35 ~ 0.42	0.40 ~ 0.48	0.45 ~ 0.53	0.50 ~ 0.63	0.58 ~ 0.70
>1.5 ~ 1.8	0.29 ~ 0.35	0.34 ~ 0.39	0.37 ~ 0.44	0.42 ~ 0.53	0.48 ~ 0.58
>1.8 ~ 2.0	0.25 ~ 0.30	0.29 ~ 0.34	0.32 ~ 0.38	0.36 ~ 0.46	0.42 ~ 0.51
>2.0 ~ 2.2	0.22 ~ 0.26	0.25 ~ 0.29	0.27 ~ 0.33	0.31 ~ 0.40	0.35 ~ 0.45
>2.2 ~ 2.5	0.17 ~ 0.21	0.20 ~ 0.23	0.22 ~ 0.27	0.25 ~ 0.32	0.28 ~ 0.35
>2.5 ~ 2.8	0.16 ~ 0.18	0.15 ~ 0.18	0.17 ~ 0.21	0.19 ~ 0.24	0.22 ~ 0.27
>2.8 ~ 3.0	0.10 ~ 0.13	0.12 ~ 0.15	0.14 ~ 0.17	0.16 ~ 0.20	0.18 ~ 0.22

表 4 – 19　宽凸缘件的以后各次极限拉深系数（适用于08、10 号钢）

极限拉深系数	毛坯相对厚度（t/D）×100				
m_n	0.15 ~ 0.3	0.3 ~ 0.6	0.6 ~ 1.0	1.0 ~ 1.5	1.5 ~ 2
m_2	0.80	0.78	0.76	0.75	0.73
m_3	0.82	0.80	0.79	0.78	0.75
m_4	0.84	0.83	0.82	0.80	0.78
m_5	0.86	0.85	0.84	0.82	0.80

（3）确定拉深次数　分别查表得出首次极限拉深系数和以后各次极限拉深系数 m_1，m_2，m_3，…，并预算出各次拉深工序件直径 d_1，d_2，d_3，…，从而得到拉深次数。

（4）确定各次拉深工序件尺寸　确定拉深次数后，调整各次拉深系数，从而确定各工序件筒部直径及圆角半径，可参考无凸缘筒形件方法。

（5）计算各次拉深工序件高度

$$h_1 = \frac{0.25}{d_1}(D^2 - d_t^2) + 0.43(r_{p1} + r_{d1}) + \frac{0.14}{d_1}(r_{p1}^2 - r_{d1}^2) \qquad (4-17)$$

$$\vdots$$

$$h_n = \frac{0.25}{d_n}(D^2 - d_t^2) + 0.43(r_{pn} + r_{dn}) + \frac{0.14}{d_n}(r_{pn}^2 - r_{dn}^2) \qquad (4-18)$$

式中：h_n——第 n 次拉深后工序件高度，mm；

　　　D——毛坯直径，mm；

　　　d_n——第 n 次拉深后工序件直径，mm；

　　　d_t——零件凸缘直径，mm；

　　　r_{pn}——第 n 次拉深后工序件底部圆角半径，mm；

　　　r_{dn}——第 n 次拉深后工序件凸缘圆角半径，mm。

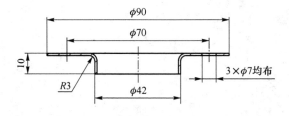

项目 5

垫环翻孔模具设计

项目目标：
- 了解翻边等其他成形工序的变形特点。
- 能进行简单翻边成形工艺计算。
- 能进行简单的翻边模具设计。

5.1 项目任务

本项目的载体是一挂车垫环，这是一个典型的翻孔制件，图 5-1 所示为其零件图，要求学生完成其翻孔工序的模具设计工作。垫环的材料为 Q235，料厚为 1.2 mm，中批量生产。制件结构比较简单，便于初学者掌握翻孔及其他成形工序的基本知识。

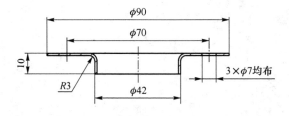

图 5-1 垫环零件图

本项目任务要求如下。

（1）能合理分析垫环的工艺性。

（2）能合理确定翻孔模具结构、准确进行工艺设计计算、选择冲压设备及标准件等。

（3）能准确、完整、清晰地绘制出垫环翻孔模具装配图。

（4）根据模具装配图拆画零件图，合理选择零件的材料，确定技术要求等。

（5）编写整理设计说明书。

5.2 翻边基础知识链接

在冲压生产中，除了常见的冲裁、弯曲、拉深工序外，还有一些成形工序是通过板料的局部变形来改变毛坯的形状和尺寸的，如胀形、翻边、缩口、校形等，这类工序统称为其他成形工序。每种工序都有各自的变形特点，它们可以是独立的冲压工序，也可以和其他冲压工序组合在一起加工某些复杂形状的零件。下面先介绍翻边的变形特点、工艺计算及模具设计。

翻边是在模具作用下，将坯料的外边缘或孔边缘沿一定的曲线翻成竖立边的成形方法。当翻边的沿线是一条直线时，翻边变形就转变成弯曲。弯曲时毛坯的变形仅局限于弯曲线的圆角部分，而翻边时圆角部分和边缘部分都是变形区，所以，翻边变形比弯曲变形复杂得多。

翻边属于成形工序，在冲压生产中应用较广泛，可以加工形状较为复杂且具有良好刚度的立体零件，可以代替某些复杂零件的拉深工序，还可以代替先拉后切的方法制取无底零件。

根据坯料边缘的形状不同，翻边可分为内孔翻边、外缘翻边和曲面翻边。按变形的性质，翻边可分为伸长类翻边和压缩类翻边。按竖边壁厚是否有强制变薄，翻边可分为变薄翻边和不变薄翻边。

5.2.1 内孔翻边

1. 圆孔翻边

1）圆孔翻边的变形特点

在坯料的翻边区域画上距离相等的坐标网格，如图5-2（a）所示。观察翻边后的网格变化情况，就可以得出圆孔翻边的变形特点。

翻边后，从图5-2（b）中可以看出：

（1）坐标网格由扇形变为矩形，说明金属沿切向伸长，越靠近孔口伸长越大；

（2）同心圆间的距离变化不明显，说明金属径向变形很小；

（3）竖边的壁厚有所减薄，尤其孔口处减薄较为显著。

由此分析得出：翻孔时坯料的变形区是d_0和D_1之间的环形部分，变形区受两向拉应力——切向拉应力σ_3和径向拉应力σ_1作用，其中切向拉应力为最大主应力，如图5-2（c）所示。圆孔翻边属于伸长类翻边，变形区在拉应力的作用下要变薄。在孔口处，切向拉应力达到最大值。因此，孔口边缘变薄最严重，最容易被拉裂。

2）翻边系数

翻边时孔口破裂的条件取决于变形程度的大小。变形程度用翻边系数K表示，翻边系数为翻边前孔径d_0与翻边后孔径D的比值，即：

$$K = \frac{d_0}{D} \tag{5-1}$$

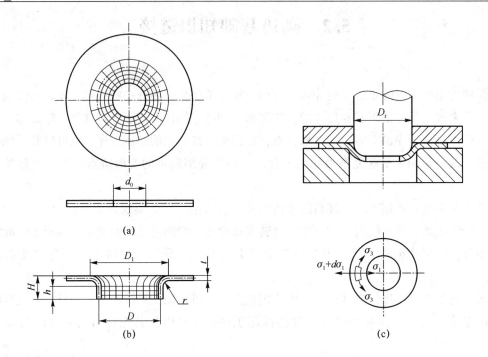

图 5 - 2　翻边时网格变化与应力及变形

显然，K 值越小，变形程度越大。翻边时孔边不破裂所能达到的最小翻边系数称为极限翻边系数，用 K_{min} 表示。表 5 - 1 所列为低碳钢圆孔翻边的极限翻边系数。对于其他材料，可按其塑性情况参考表中数值适当增减。

翻边后竖边边缘的厚度可按下式估算：

$$t' = t \sqrt{\frac{d_0}{D}} = t \sqrt{K} \qquad (5-2)$$

式中：t'——翻边后竖边边缘厚度，mm；

　　　t——坯料的原始厚度，mm；

　　　K——翻边系数。

表 5 - 1　低碳钢圆孔翻边的极限翻边系数 K_{min}

凸模形式	孔加工方法	预制孔相对直径 d_0/t										
		100	50	35	20	15	10	8	6.5	5	3	1
球形凸模	钻孔	0.70	0.60	0.52	0.45	0.40	0.36	0.33	0.31	0.30	0.25	0.20
	冲孔	0.75	0.65	0.57	0.52	0.48	0.45	0.44	0.43	0.42	0.42	—
平底凸模	钻孔	0.80	0.70	0.60	0.50	0.45	0.42	0.40	0.37	0.35	0.30	0.25
	冲孔	0.85	0.75	0.65	0.60	0.55	0.52	0.50	0.50	0.48	0.47	—

注：采用表中 K_{min} 值时，实际翻边后口部边缘会出现小的裂纹，如果工件不允许开裂，则翻边系数需加大 10% ~ 15%。

3）翻边工艺计算

（1）预制孔直径和翻边高度。

① 平板坯料翻边。当翻边系数 K 大于极限翻边系数 $K_{\min}$ 时，可采用在平板坯料上一次翻边成形。在进行翻边之前，一般需要在坯料上加工出待翻边的预制孔，如图 5-3 所示。对于一些较薄料的小孔翻边，可以不先加工出预制孔，而是使用带尖的锥形凸模，在翻边时先完成刺孔继而进行翻孔。

预制孔直径 d_0 按下式计算：

$$d_0 = D - 2 \ (H - 0.43r - 0.72t) \tag{5-3}$$

竖边高度 H 按下式计算：

$$H = \frac{D - d_0}{2} + 0.43r + 0.72t = \frac{D}{2}(1 - K) + 0.43r + 0.72t \tag{5-4}$$

式中符号均表示于图 5-3 中。

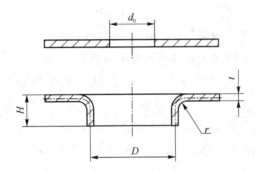

图 5-3 平板坯料翻边

若以极限翻边系数 $K_{\min}$ 代入，便可求出一次翻边可达到的极限翻边高度为：

$$H_{\max} = \frac{D}{2}(1 - K_{\min}) + 0.43r + 0.72t \tag{5-5}$$

上式是按中性层长度不变的原则推导的，是近似公式，实际生产中往往通过试冲来检验和修正计算值。

② 拉深后再翻边。当翻边系数 $K \leqslant K_{\min}$ 时，可采用多次翻边、加热翻边或拉深后再翻边的方法。多次翻边由于在后续翻边前往往要将中间毛坯软化退火，且竖边变薄较严重，故该方法很少采用。大多采用的是拉深后再翻边的方法，如图 5-4 所示。这时应先确定拉深后翻边所能达到的最大高度 h，再根据翻边高度确定拉深高度 h_1 和预制孔直径 d_0。

拉深后翻边所能达到的高度为：

$$h = \frac{D}{2}(1 - K) + 0.57r$$

若以极限翻边系数 $K_{\min}$ 代入，可求得拉深后翻边所能达到的最大高度为：

$$h_{\max} = \frac{D}{2}(1 - K_{\min}) + 0.57r \tag{5-6}$$

拉深高度为：

$$h_1 = H - h_{\max} + r \tag{5-7}$$

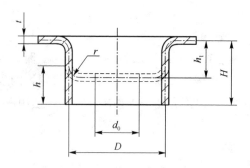

图 5 - 4　拉深后再翻边

则预制孔直径为：

$$d_0 = D + 1.14r - 2h \tag{5-8}$$

或

$$d_{0min} = K_{min}D$$

应该指出，拉深后再翻边的预制孔一般应在拉深后冲出，因为若拉深前冲出，则孔径有可能在拉深过程中变大，使得翻边后达不到要求的高度。

（2）翻边力与压边力　翻边力一般不大，圆柱形平底凸模翻边时，翻边力可按下式计算：

$$F = 1.1\pi(D - d_0)t\sigma_b \tag{5-9}$$

式中：D——翻边后的直径（按中线计算），mm；

　　　d_0——预制孔直径，mm；

　　　t——坯料厚度，mm；

　　　σ_b——材料抗拉强度，MPa。

锥形和球形凸模的翻边力略小于式（5-9）计算值。压边力可参照拉深压边力的计算。

翻边时工作行程一般都较长，故总冲压力应小于或等于压力机公称压力的 50% ~ 60%。

（3）凸、凹模间隙。由于翻边变形区的材料变薄，为保证竖边的尺寸及精度，凸、凹模间隙应稍小于材料原始厚度 t，可取单边间隙 $c = (0.75 \sim 0.85)t$。拉深后再翻边取小值，平板坯料翻边取大值。若翻边成螺纹底孔或需与轴配合的小孔，则取 $c = 0.7t$ 左右。

（4）凸、凹模形状及尺寸。翻边凹模的圆角半径对翻边成形影响不大，可取该值等于制件的圆角半径。翻边凸模的圆角半径应尽量取大一些，以便于翻边变形。

圆孔翻边凸模的常见形状和主要尺寸如图 5-5 所示。图 5-5(a) ~ (c)所示的凸模适于大孔的翻边，从利于翻边变形考虑，图 5-5（c）抛物线形凸模最好，图 5-5（b）球形凸模次之，图 5-5（a）平底凸模最不利于翻边变形；而从凸模的加工难易考虑则相反。图 5-5(d)、(e)所示的凸模端部带有较长的引导部分，图 5-5（d）适用于翻孔直径大于 10 mm 的翻边，图 5-5（e）适用于翻孔直径小于 10 mm 的翻边。图 5-5（f）所示的凸模适用于无预制孔的不精确翻边。

当翻边采用压边圈时，则不需要凸模肩部。

2. 非圆孔翻边

如图 5-6 所示，对于非圆孔的内孔翻边，变形区沿翻边线的应力与应变分布是不均匀的，分成 I、II、III 三种性质不同的变形区，其中 I 区属于圆孔翻边变形，II 区为直边，属于弯曲变形，而 III 区和拉深情况相似。由于 II 和 III 两区的变形可以减轻 I 区的变形程度，所以，非圆孔的极限翻边系数较圆孔的极限翻边系数要小一些，其值可根据各圆弧段的中心角 α 的大小查表 5-2 确定。

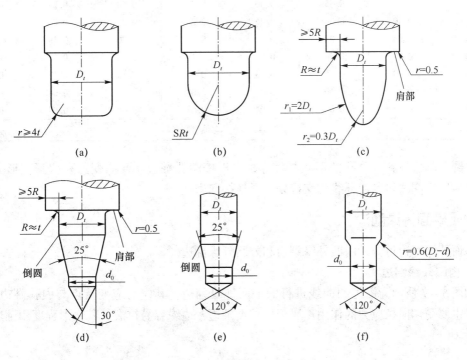

图 5-5 圆孔翻边凸模的常见形状及主要尺寸

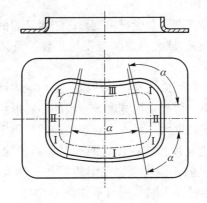

图 5-6 非圆孔翻边

表 5 - 2　低碳钢非圆孔的极限翻边系数 K_{fmin}

$\alpha/$ (°)	预制孔相对直径 d_0/t						
	50	33	20	12 ~ 8.3	6.6	5	3.3
180 ~ 360	0.80	0.60	0.52	0.50	0.48	0.46	0.45
165	0.73	0.55	0.48	0.46	0.44	0.42	0.41
150	0.67	0.50	0.43	0.42	0.40	0.38	0.375
130	0.60	0.45	0.39	0.38	0.36	0.35	0.34
120	0.53	0.40	0.35	0.33	0.32	0.31	0.30
105	0.47	0.35	0.30	0.29	0.28	0.27	0.26
90	0.40	0.30	0.26	0.25	0.24	0.23	0.225
75	0.33	0.25	0.22	0.21	0.20	0.19	0.185
60	0.27	0.20	0.17	0.17	0.16	0.15	0.145
45	0.20	0.15	0.13	0.13	0.12	0.12	0.11
30	0.14	0.10	0.09	0.08	0.08	0.08	0.08
15	0.07	0.05	0.04	0.04	0.04	0.04	0.04
0	弯曲变形						

非圆孔翻边坯料预制孔的形状与尺寸，可以按圆孔翻边、弯曲变形和拉深变形分别展开，然后用作图法将各展开线的交接处光滑连接起来。

5.2.2　平面外缘翻边

平面外缘翻边可分为内凹外缘翻边和外凸外缘翻边。

1. 内凹外缘翻边

如图 5 - 7 所示为沿内凹曲线进行的平面外缘翻边，其应力应变特点与内孔翻边相似，变形区主要受切向拉应力的作用，属于伸长类翻边，边缘容易拉裂。其变形程度用翻边系数 $E_{伸}$ 表示如下：

$$E_{伸} = \frac{b}{R - b}$$

式中：R、b 的含义如图 5 - 7 所示。

内凹外缘翻边的极限变形程度主要受材料变形区边缘开裂的限制，假如在翻边高度相同的情况下，曲率半径 R 越小，$E_{伸}$ 越大，边缘越容易开裂。当 R 趋于无穷大时，$E_{伸}$ 趋于零，此时内凹外缘翻边变成弯曲。

由于内凹外缘翻边是沿不封闭曲线翻边，所以，变形区内沿翻边线上的应力和变形是不均匀的，中部最大，两端最小。假如采用宽度 b 一致的坯料形状，则翻边后竖边的高度就不是平齐的，中间高度小，两端高度大。另外，竖边的端线也不垂直，而是向内倾斜成一定角度。为了得到平齐一致的翻边高度，应在坯料两端对坯料的轮廓线作必要的修正，采用如图 5 - 7 中虚线所示的形状，其修正值可根据变形程度和 α 的大小适当调整。如果翻边高度不大，而且翻边沿线的曲率半径很大时，则可不作修正。

2. 外凸外缘翻边

如图 5 - 8 所示为沿外凸曲线进行的平面外缘翻边，其应力应变特点与浅拉深相似，变形区主要受切向压应力的作用，属于压缩类翻边，边缘容易起皱失稳。其变形程度用翻边系数 $E_{压}$ 表示如下：

$$E_{压} = \frac{b}{R+b}$$

式中：R、b 的含义如图 5-8 所示。

外凸外缘翻边的极限变形程度主要受材料变形区失稳起皱的限制，假如在翻边高度相同的情况下，曲率半径 R 越小，$E_{压}$ 越大，边缘越容易起皱。当 R 趋于无穷大时，$E_{压}$ 趋于零，此时外凸外缘翻边变成弯曲。

由于外凸外缘翻边是沿不封闭曲线翻边，所以，变形区内沿翻边线上的应力和变形是不均匀的，中部最大，而两端最小。为了得到翻边高度平齐一致、竖边端线垂直的零件，应在坯料两端对坯料的轮廓线作必要的修正，采用如图 5-8 中虚线所示的形状，修正的方向恰好与内凹外缘翻边相反。

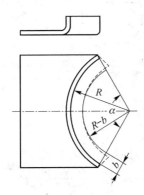

图 5-7　内凹外缘翻边

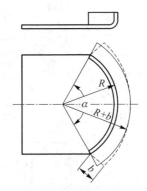

图 5-8　外凸外缘翻边

5.2.3　变薄翻边

对于竖边较高的零件，在不变薄翻边时，需要先拉深再进行翻边。如果零件壁部允许变薄，这时可采用变薄翻边，即竖边的高度是通过小间隙的凸、凹模间的挤压使壁部变薄来增加的，这样既提高了生产率，又节约了材料。变薄翻边属于体积成形，竖边的高度应按体积不变定律进行计算。

图 5-9 所示是用阶梯凸模进行变薄翻边的例子。毛坯经过各阶梯的挤压，竖边厚度逐渐变薄，通常变薄系数可达 0.4~0.5，甚至更小。凸模上各阶梯的间距应大于零件高度，以便前一阶梯的挤压变形结束后再进行后一阶梯的挤压。用阶梯凸模进行变薄翻边时，应有强力的压料装置和良好的润滑。

生产中常采用变薄翻边来成形 M6 以下的小螺纹底孔，图 5-10 所示是用抛物线凸模变薄翻边成形小螺纹底孔时的模具示意图。

5.2.4　翻边模典型结构

图 5-11 所示为内孔翻边模，其结构与拉深模结构基本相似。图 5-12 所示为内、外缘同时翻边模结构。

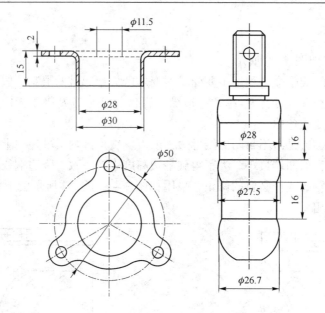

图 5 - 9   用阶梯凸模变薄翻边及尺寸

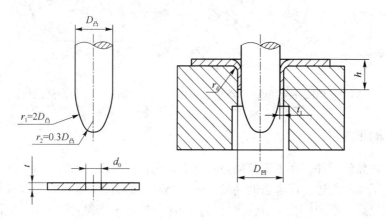

图 5 - 10   变薄翻边成形小螺纹底孔

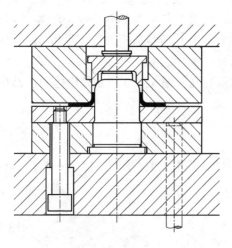

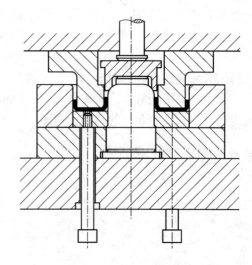

图 5 - 11   内孔翻边模图   图 5 - 12   内、外缘同时翻边模

5.3 项目实施

5.3.1 垫环的工艺性分析

垫环的零件图如图 5 - 1 所示,材料为 Q235,料厚为 1.2 mm,中批量生产。此项目要求完成其翻孔工序的模具设计工作。

$\phi 42$ mm 处由内孔翻边成形,由于工件的尺寸全部为自由公差,普通冲压模具完全可以满足要求。工件尺寸公差可按 IT12 级选取,即 $\phi 42$ mm 的公差为 $\phi 42_{-0.25}^{0}$ mm。

3 个 $\phi 7$ mm 孔离翻边区较远,可以在平板毛坯上冲出。

制件材料 Q235 是常用的冲压材料,塑性较好,易于冲压成形,因此,该制件的冲压工艺性较好。

5.3.2 确定工艺方案和模具结构

为了确定工艺方案,首先应计算预制孔直径并确定翻边工艺。

1. 计算预制孔直径

翻边前需冲出预制孔,初定竖边变薄系数为 0.8,竖边孔中径为 $\phi 41$ mm,则预制孔的直径 d_0 为:

$$
\begin{aligned}
d_0 &= D - 2(H - 0.43r - 0.72t) \\
&= 41 - 2(10 - 0.43 \times 3 - 0.72 \times 1.2) \\
&= 25.3(\text{mm})
\end{aligned}
$$

计算翻边系数:$K = \dfrac{d_0}{D} = \dfrac{25.3}{41} = 0.62$

查表 5 - 1 得 $K_{\min} = 0.6$,因为 $K > K_{\min}$,所以,能一次翻孔成功。

校验翻边高度:

$$
\begin{aligned}
H_{\max} &= \frac{D}{2}(1 - K_{\min}) + 0.43r + 0.72t \\
&= \frac{41}{2}(1 - 0.6) + 0.43 \times 3 + 0.72 \times 1.2 \\
&= 10.354(\text{mm})
\end{aligned}
$$

10.354 mm > 10 mm,所以可以翻边成功。

2. 确定冲压工艺方案

垫环需要的基本冲压工序为落料、冲孔、翻孔,根据上述分析结果,确定生产该制件的工艺方案为先落料、冲孔复合、再翻孔(这里仅要求设计翻孔模)。

3. 确定模具结构

对于简单的翻孔模具通常采用凹模在上、凸模在下的倒装模具结构,如图 5 - 11 所示。采用凸模顶上的定位销对坯料进行定位,使预冲孔边缘的毛刺在翻边前被凸模圆角压平,可有效防止翻口边缘的破裂。采用弹性顶件装置,使其既可以在翻边时起到压料作用,又可以在翻边完成后起到卸料作用，方便操作。

5.3.3　工艺计算及相关计算

1. 计算翻边力，选择压力机

对于材料 Q235，$\sigma_b = 450$ MPa

$$F_翻 = 1.1\pi(D - d_0)t\sigma_b$$
$$= 1.1 \times 3.14 \times (41 - 25.3) \times 1.2 \times 450$$
$$= 29\ 283(\text{N}) \approx 29.3(\text{kN})$$
$$F_压 = 0.25F_翻 = 0.25 \times 29.3 = 7.33(\text{kN})$$

总冲压工艺力为：

$$F_总 = F_翻 + F_压$$
$$= 29.3 + 7.33$$
$$= 36.63\ (\text{kN})$$

对于翻边 $F_总 \leqslant (50\% \sim 60\%)F_设$，故可初步选择开式可倾压力机，型号为 J23 - 16，其公称压力为 160 kN；最小装模高度为 135 mm，最大装模高度为 180 mm；模柄孔直径为 40 mm，深为 60 mm。

2. 确定凸、凹模工作部分尺寸

（1）凸、凹模间隙 c。单边间隙 $c = (0.75 \sim 0.85)t$，这里 c 取 0.95 mm。

（2）凸、凹模工作尺寸。由于制件尺寸标注在外形，因此，以凹模作基准，先计算凹模的尺寸，然后再加上间隙值确定凸模尺寸。其计算公式可参考拉深凸、凹模工作尺寸计算：

$$D_d = (D_{max} - 0.75\Delta)^{+\delta_d}_{0}$$
$$= (42 - 0.75 \times 0.25)^{0.05}_{0}$$
$$= 41.8^{+0.05}_{0}\ (\text{mm})$$
$$D_p = (D_{max} - 0.75\Delta - 2c)^{0}_{-\delta_p}$$
$$= (41.8 - 2 \times 0.95)^{0}_{-0.03}$$
$$= 39.9^{0}_{-0.03}\ (\text{mm})$$

最大单边间隙 $c_{max} = \dfrac{41.8 + 0.05 - (39.9 - 0.03)}{2} = 0.99$（mm），小于 $0.85t$，满足要求。

（3）凸、凹模圆角半径。因为翻孔较大，可采用平底凸模成形，凸模圆角半径 $r_p \geqslant 4t$，这里可取 $r_p = 5$ mm。由于一次能够翻孔完成，因此，可取凹模圆角半径等于拉深件的圆角半径，即 $r_d = 3$ mm。

5.3.4　模具主要零部件设计及相关选择

1. 凹模

由翻边高度及推件块的尺寸初定凹模厚度 $H_凹$ 为 50 mm。

凹模壁厚 C 可取 45 mm 左右。

凹模内壁尺寸为 42 mm，所以，凹模外形尺寸 $L = 42 + 2C = 42 + 2 \times 45 = 132$（mm），设计时可取 140 mm。凹模外形尺寸选圆形，故凹模周界为 $\phi140$ mm。

凹模材料选用 T10A，热处理至 58 ~ 64HRC。

2. 凸模

凸模采用台阶式固定，它的长度与固定板的厚度、压边圈的厚度及凸模进入凹模的长度有关。

凸模固定板厚度初选 25 mm，与凸模 H7/m6 配合；压边圈厚度初选 10 mm；工作行程初定为 17 mm（大于制件高度与凸模圆角之和）。

则凸模长度为 $L_凸 = 25 + 10 + 17 = 52$ mm。

凸模材料选用 T10A，热处理至 56 ~ 62HRC。

垫板厚度初选 10 mm，材料选用 45 号钢，热处理至 43 ~ 48HRC。

3. 定位钉

定位钉固定于凸模顶部，其头部与毛坯的预冲孔配合，其双边间隙可取 0.05 mm。材料选用 45 号钢，热处理至 43 ~ 48HRC。

4. 压边圈

压边圈厚度为 10 mm，与凸模配合单边间隙可取 0.05 mm。材料选用 T8A，热处理至 54 ~ 58HRC。压边力可由装在凹模下面的通用弹顶器提供。

5. 推件块

推件块厚度为 28 mm，与凹模内形之间的单边间隙选 0.05 mm。材料选用 45 号钢，热处理至 43 ~ 48HRC。

6. 选择标准模架

可根据凹模周界选择模架。这里初步选择标准模架为：滑动导向模架，后侧导柱 160 × 160 × 160 ~ 200 I GB/T 2851—2008。最小闭合高度为 160 mm，最大闭合高度为 200 mm；上模座厚 40 mm，下模座厚 45 mm。

5.3.5 校核模具闭合高度

初步确定模具闭合高度为：$H = 40 + 50 + 1.2 + 10 + 25 + 10 + 45 = 181.2$（mm），在模架闭合高度范围内。

和压力机装模高度 135 ~ 180 mm 进行校核，不在压力机装模高度范围内，故应重新选择压力机，型号为 J23 - 25，其公称压力为 250 kN；最小装模高度为 165 mm，最大装模高度为 220 mm；模柄孔直径为 40 mm、深 60 mm。

5.3.6 绘制垫环翻孔模具装配图

垫环翻孔模具装配图如图 5 - 13 所示。

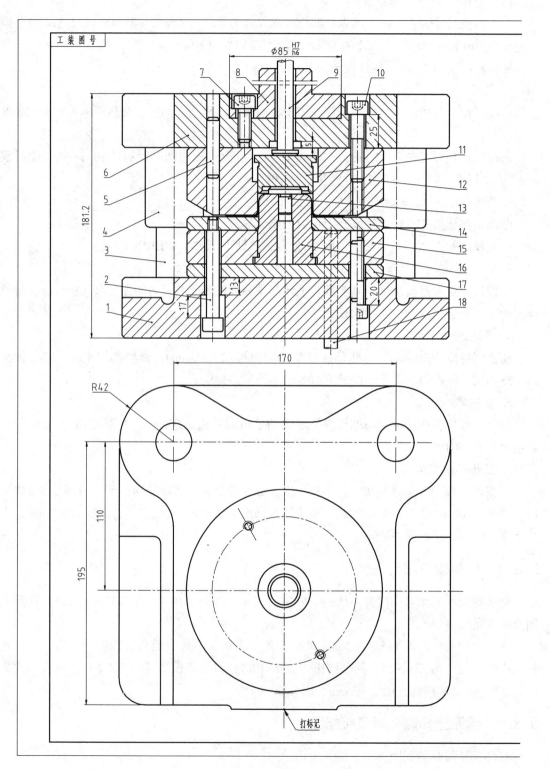

图5-13　垫环

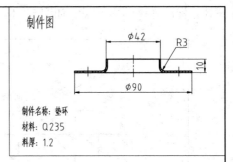

制件图

制件名称: 垫环

材料: Q235

料厚: 1.2

模架选用: 滑动导向模架 后侧导柱 160×160×160~200 Ⅰ GB/T 2851—2008

18	顶杆	4		Φ10×100	JB/T7650.3		
17	垫板	1	45			HRC43~48	6
16	凸模	1	T10A			HRC56~62	3
15	固定板	1	Q235				5
14	压边圈	1	T8A			HRC54~58	4
13	定位钉	1	45			HRC43~48	3
12	凹模	1	T10A			HRC58~64	2
11	推件块	1	45			HRC43~48	3
10	内六角螺钉	8		M10×50	GB/T70.1		
9	推杆	1		A12×140	JB/T7650.1		
8	模柄	1		B40×85	JB/T7646.3		
7	内六角螺钉	4		M10×25	GB/T70.1		
6	上模座	1			GB/T2855.1		
5	圆柱销	4		Φ10×45	GB/T119.2		
4	导套	2			GB/T2861.3		
3	导柱	2			GB/T2861.1		
2	卸料螺钉	2		M10×65	JB/T7650.6		
1	下模座	1			GB/T2855.2		
件号	名 称	数量	材料	规 格	标 准 号	附 注	页次

设计			垫环翻孔模具	使用设备	J23-25	
校核				制件名称	垫环	
审核				使用单位	冲压	比例 1:1
标准化			(制件号)	工序	2	共6页 第1页
会签			(单位)		(工装图号)	

翻孔模具装配图

5.3.7 绘制垫环翻孔模具零件图

模具非标准零件的零件图，如图 5 – 14 至图 5 – 18 所示。

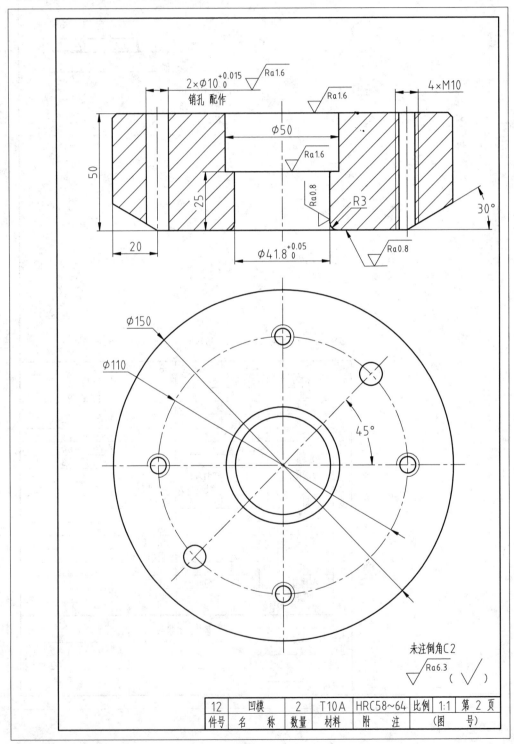

12	凹模	2	T10A	HRC58~64	比例	1:1	第 2 页
件号	名　　称	数量	材料	附　注	(图　　号)		

图 5 – 14　凹模零件图

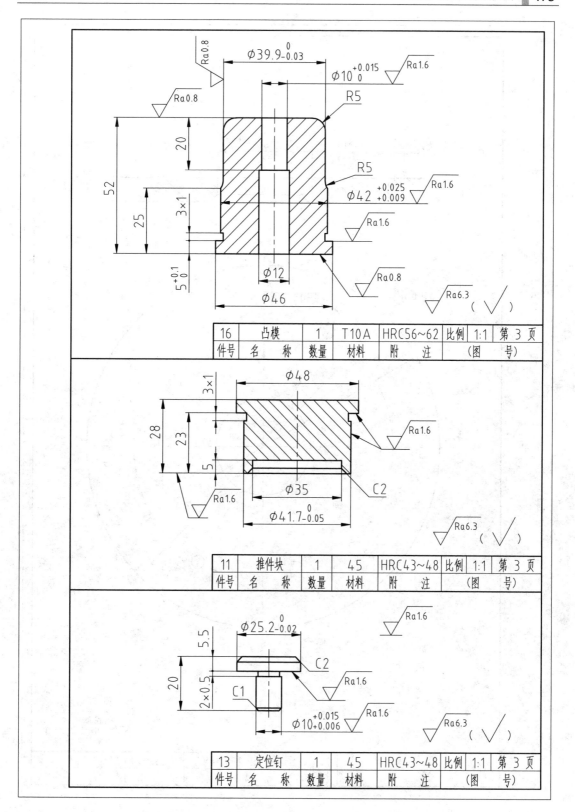

16	凸模	1	T10A	HRC56~62	比例	1:1	第3页
件号	名　称	数量	材料	附　　注		(图　号)	

11	推件块	1	45	HRC43~48	比例	1:1	第3页
件号	名　称	数量	材料	附　　注		(图　号)	

13	定位钉	1	45	HRC43~48	比例	1:1	第3页
件号	名　称	数量	材料	附　　注		(图　号)	

图 5-15　凸模、推件块、定位钉零件图

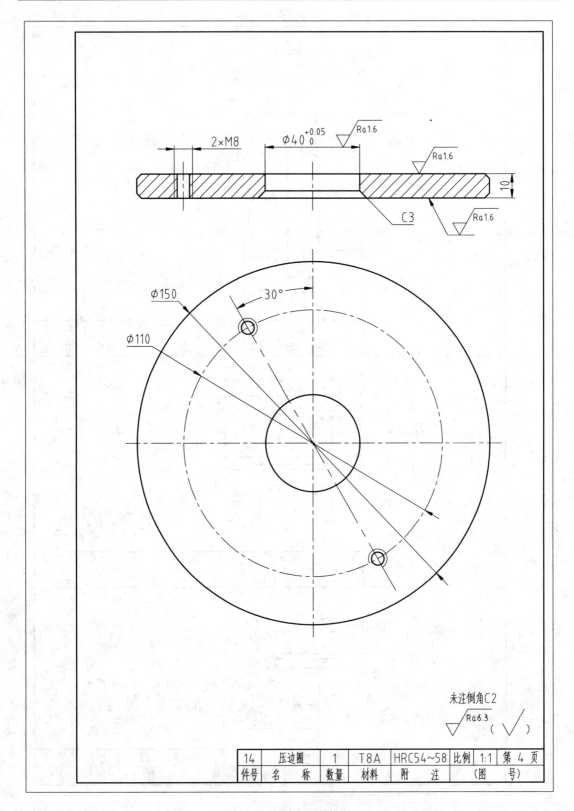

图 5 - 16　压边圈零件图

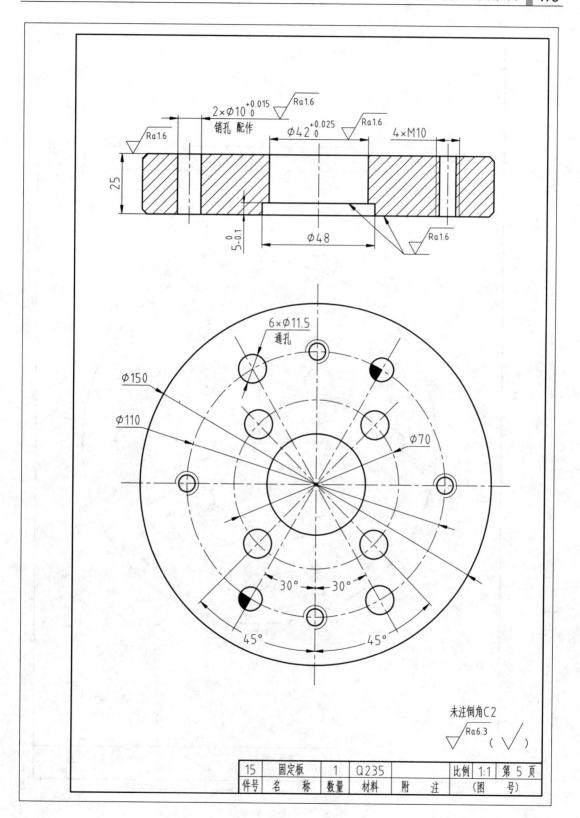

15	固定板	1	Q235		比例 1:1	第 5 页
件号	名 称	数量	材料	附 注	（图 号）	

图 5–17 固定板零件图

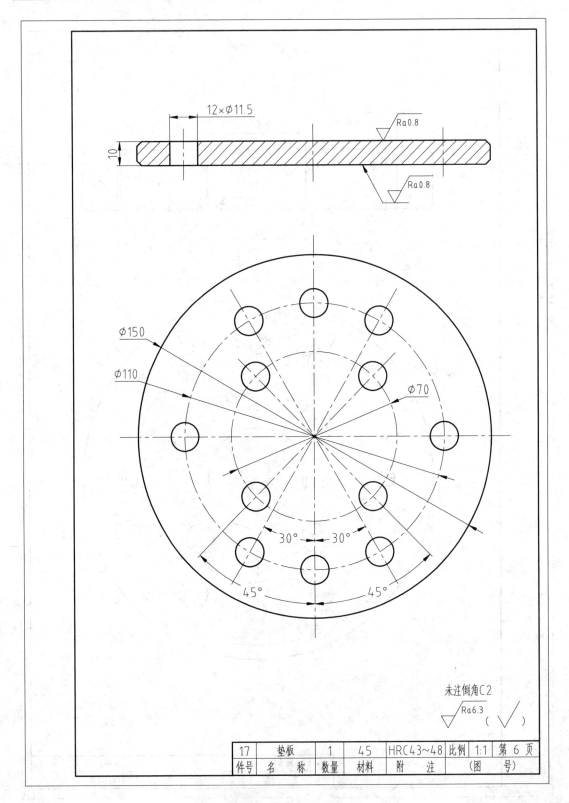

| 17 | 垫板 | 1 | 45 | HRC43~48 | 比例 | 1:1 | 第 6 页 |
| 件号 | 名 称 | 数量 | 材料 | 附 注 | (图 | | 号) |

图 5-18 垫板零件图

5.4 其他常用成形工艺拓展

5.4.1 胀形

胀形是利用模具强迫板料厚度变薄和表面积增大，从而获得所需零件的冲压加工方法。胀形主要应用于平板毛坯上的起伏成形、空心毛坯的胀形等，汽车覆盖件等曲面复杂形状零件的成形也常常包含胀形工艺。

1. 起伏成形

起伏成形又称局部成形，是毛坯在模具作用下发生局部胀形，形成各种形状的凸起或凹下的冲压方法。常见的起伏成形有压加强筋、压凸包、压凹坑、压字等，如图 5-19 所示。这些方法不仅提高了零件的强度、刚度，还美化了外观。

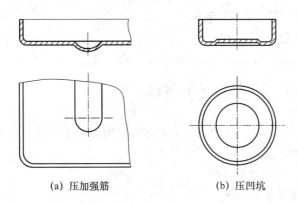

(a) 压加强筋　　　　　　(b) 压凹坑

图 5-19　起伏成形

1) 压加强筋

压加强筋是靠毛坯的局部变薄来实现的，对于比较简单的起伏成形零件，其成形条件可近似的按下式确定：

$$\frac{l - l_0}{l_0} \leq (0.70 \sim 0.75)\delta \tag{5-10}$$

式中：l_0、l——起伏成形前、后材料的长度（见图 5-20），mm；

　　　δ——材料的延伸率；

0.70 ~ 0.75 是考虑材料的变形程度而引入的，球形筋取大值，梯形筋取小值。

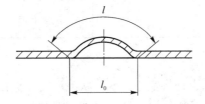

图 5-20　起伏成形前、后材料的长度

常见的加强筋的形式及尺寸可参考表 5-3。由于加强筋的结构比较复杂，所以，成形极限多用总体尺寸表示。对于复杂形状的起伏成形，其危险部位及极限变形程度，一般还需通过实验法确定。

当零件要求的加强筋尺寸超过材料的极限变形程度时，可以考虑两次成形，第一道工序采用较大直径的球形凸模胀形，达到均匀变形的目的，第二道工序成形达到零件所需要的尺寸。

表 5 - 3　加强筋的形式及尺寸

简图	R	h	r	B	α
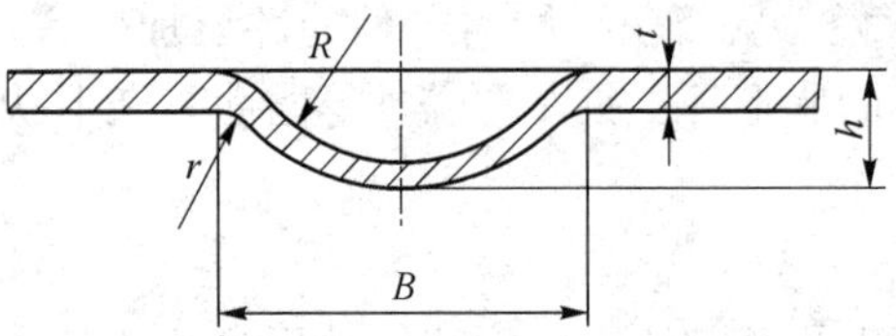	$(3\sim4)\,t$	$(2\sim3)\,t$	$(1\sim2)\,t$		
	$(1.5\sim2)\,t$	$(0.5\sim1.5)\,t$	$\geqslant 3h$	$15°\sim30°$	

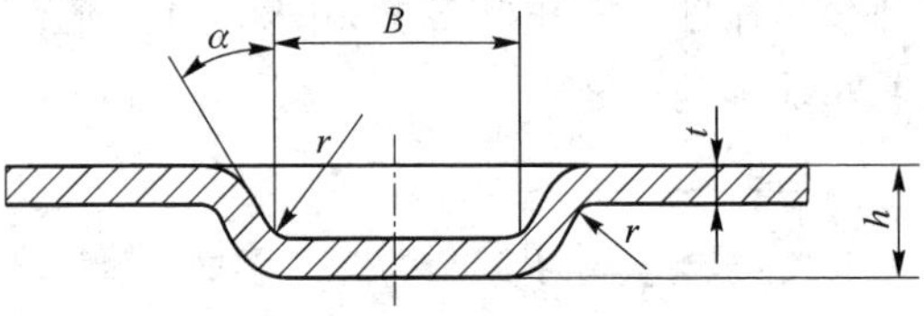

成形加强筋所需的冲压力 F，可按下式近似计算：

$$F = KLt\sigma_b \tag{5-11}$$

式中：K——系数，一般取 $0.7\sim1.0$，筋窄而深时取大值，宽而浅时取小值；

　　　L——加强筋周长，mm；

　　　t——板料厚度，mm；

　　　σ_b——材料抗拉强度，MPa。

2）压凸包

当拉深毛坯与凸模直径的比值 D/d 大于 4 时，称为压凸包，其极限成形高度可参考表 5-4。增大凸模圆角半径，改善凸模润滑条件，将有利于增大凸包的成形高度。

表 5 - 4　压凸包的极限成形深度

简图	材料	极限成形高度 $h_{\max}/d$
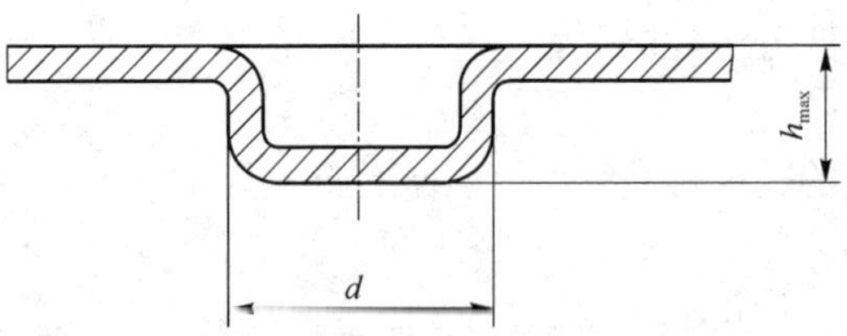	软钢	$\leqslant 0.15\sim0.20$
	铝	$\leqslant 0.10\sim0.15$
	黄铜	$\leqslant 0.15\sim0.22$

2. 空心毛坯胀形

空心毛坯胀形又称凸肚，它是将空心件或管状毛坯向外扩张，胀出所需凸起曲面的一种加工方法。这种方法可以成形高压气瓶、球形容器、波纹管等。

1）胀形方法

空心毛坯胀形一般分为刚模胀形和软模胀形两种。

图 5 - 21 所示为刚性模具胀形结构示意图。胀形时利用锥形芯块将分瓣凸模顶开，将毛坯胀出所需的形状。分瓣凸模的数目越多，工件的胀形精度越好。由于这种模具结构复杂，胀形变形不均匀，不易成形出形状复杂的工件，所以，生产中常用软模进行胀形。

图 5 - 22 所示为橡胶凸模胀形模具结构示意图。胀形时，毛坯放在凹模内，利用橡胶等软体介质将力传递给毛坯，使其直径胀大，最后紧靠凹模成形。软模胀形时工艺过程简单，材料变形比较均匀，工件精度容易保证，便于成形形状复杂的零件，生产中广泛采用。软模胀形的介质除橡胶外还有 PVC 塑料、石蜡、高压液体和压缩空气等。

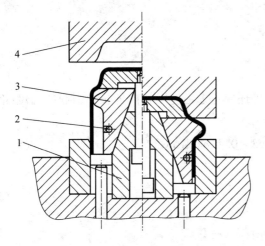

图 5 - 21 刚性分瓣凸模胀形   图 5 - 22 橡胶凸模胀形

1—锥形芯块；2—拉簧；3—分瓣凸模；4—凹模

2）胀形程度计算

空心毛坯的胀形的变形程度用下式表示：

$$K = \frac{d_{\max}}{d_0} \qquad (5-12)$$

式中：K——胀形系数；

    $d_{\max}$——胀形后最大直径，mm；

    d_0——胀形前毛坯直径，mm。

坯料的胀形系数受材料伸长率的限制，胀形系数 K 与材料伸长率 δ 有如下关系：

$$\delta = \frac{d_{\max} - D}{D} = K - 1 \qquad (5-13)$$

所以，只要知道材料的伸长率便可按以上公式求出相应的极限胀形系数。表 5 - 5 和表 5 - 6列出了常用材料的胀形系数，供参考。

表 5 - 5 胀形系数的近似值

材料	坯料相对厚度			
	0.45 ~ 0.35		0.32 ~ 0.28	
	未退火	退火	未退火	退火
10 号钢	1.10	1.20	1.05	1.15
铝	1.20	1.25	1.15	1.20

表 5 - 6 铝管坯料的实验极限胀形系数

胀形方法	极限胀形系数
用橡皮的简单胀形	1. 2 ~ 1. 25
用橡皮并对毛坯轴向加压的胀形	1. 6 ~ 1. 7
局部加热至 200 ~ 250℃时的胀形	2. 0 ~ 2. 1
加热至 380℃用锥形凸模的端部胀形	< 3

3）毛坯计算

（1）毛坯直径：

$$d_0 = \frac{d_{\max}}{K} \tag{5 - 14}$$

（2）毛坯高度。计算时除考虑修边余量外还要考虑毛坯因切向伸长而引起的高度缩短，毛坯高度 h_0 可按下式计算：

$$h_0 = L[1 + (0.3 \sim 0.4)\delta] + \Delta h \tag{5 - 15}$$

式中：L——胀形零件母线长度，mm；

δ——材料伸长率；

Δh——修边余量，一般取 5 ~ 15 mm；

0. 3 ~ 0. 4 为切向伸长而引起高度减小所需的系数。

5.4.2 校形

校形工序大都是在冲裁、弯曲、拉深和成形工序后进行，以便对成形后的制件修整至符合零件图规定的要求。校形主要应用于平板零件的校平及空心形状零件的整形。

校形工序的主要特点如下：只在工序件的局部位置产生较小的塑性变形，以提高零件的形状和尺寸精度。由于校形后零件的精度较高，因而，对模具的精度要求也相应较高。因为校形时通常需要在压力机下止点对工序件施加校正力，所以，应选用刚度较好的压力机，并装有相应的过载保护装置。

1. 平板零件的校平

当零件的平面度要求较高时，为消除冲裁过程中材料的拱弯产生的不平整或条料自身的不平，必须在冲裁后增加校平工序。

校平模有光面校平模和齿形校平模两种形式。

图 5 - 23 所示为光面校平模，适用于软材料、薄料和表面不允许有压痕的制件。光面校形模对改变材料的内应力状态作用不大，仍有较大回弹，特别是对于高强度材料零件的校平效果较差。实际生产中，为得到较好的校平效果，有时将工序件背靠背（穹弯方向相反）叠起来校平。为使校平不受压力机滑块导向精度的影响，校平模最好采用浮动式结构。

图 5 - 24 所示为齿形校平模，适用于材料较硬、平直度要求较高的制件，其校平效果远优于光面校形模。其中，图 5 - 24（a）为尖齿校平模，回弹较小，校平效果较好，但容易在零件的表面上留有较深的压痕，而且制件容易粘在模具上不宜脱模，所以，生产中多用如

图5-24（b）所示的平齿校形模。

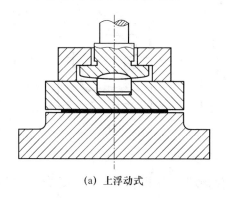

(a) 上浮动式

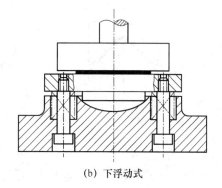

(b) 下浮动式

图5-23 光面校平模

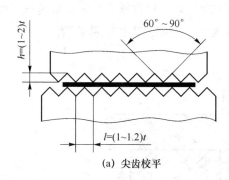

(a) 尖齿校平

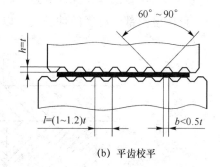

(b) 平齿校平

图5-24 齿形校平模

校平力 F 可按下式计算：

$$F = AP \qquad (5-16)$$

式中：A——校平零件的面积，mm^2；

P——单位面积校平力，见表5-7，MPa。

表5-7 校平及整形单位面积校平力 单位：MPa

方法	P	方法	P
光面校平	$50 \sim 80$	敞开形制件整形	$50 \sim 100$
细齿校平	$80 \sim 120$	拉深件减小圆角及对底面、侧面整形	$150 \sim 200$
粗齿校平	$100 \sim 150$		

2. 空间形状零件整形

空间形状零件整形通常指在弯曲、拉深或其他成形工序后对工件的整形。整形前工件已基本成形，但可能圆角半径还很大，或者某些形状和尺寸还未达到零件要求，通过整形可以使工序件局部产生塑性变形，达到提高精度的目的。整形模结构一般与前工序的成形模基本相同，但对模具工作部分的精度要求更高，表面粗糙度更低。

图5-25所示为弯曲件的整形模。其中，图5-25（a）为压校形式，图5-25（b）、（c）为镦校形式。镦校时整个毛坯处于3向受压的应力状态，整形效果较好。但带大孔或

宽度不等的弯曲件不宜采用镦校。

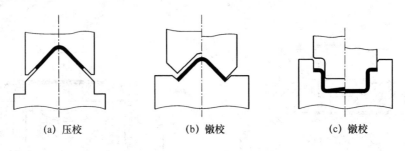

| (a) 压校 | (b) 镦校 | (c) 镦校 |

图 5 – 25 弯曲件整形

　　由于拉深件的形状、精度等要求不同，所采用的整形方法也有所不同。图 5 – 26 所示为带凸缘拉深件的整形模，整形部位通常有凸缘平面、侧壁、底面及圆角半径。整形时由于圆角半径变小，对于宽凸缘拉深件邻近的材料已不能流动过来，只有靠变形区自身的材料变薄来实现。此时变形部位材料的伸长变形以 2% ~ 5% 为宜，否则，工件容易破裂。

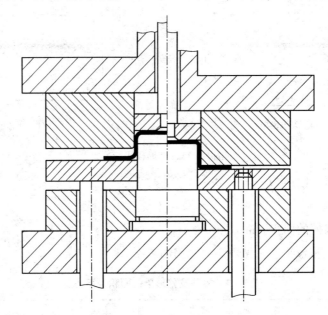

图 5 – 26 带凸缘拉深件整形

　　无凸缘拉深件的整形，通常采用变薄拉深的方法进行整形，整形模间隙等于（0.9 ~ 0.95）t。这种整形工序也可以和最后一道拉深合并，但应取稍大一些的拉深系数。

　　整形力 F 可按下式计算：

$$F = AP \qquad (5-17)$$

式中：A——整形面投影面积，mm^2；

　　　　P——单位面积校平力，见表 5 – 7，MPa。

　　常用的其他成形工序除了翻边、胀形、校形外，还有缩口、旋压等，其变形特点及工艺计算可参考有关资料。

外壳冲压工艺规程的编制

项目目标：
- 了解冲压工艺规程的内容及编制步骤。
- 能合理制订简单零件的冲压工艺规程，并编写相关工艺文件。

6.1 项目任务

本项目的载体是外壳，它是汽车车门玻璃升降器中的一个零件，图6-1所示为其零件图，材料为08AL，料厚为1.0 mm，大批量生产。

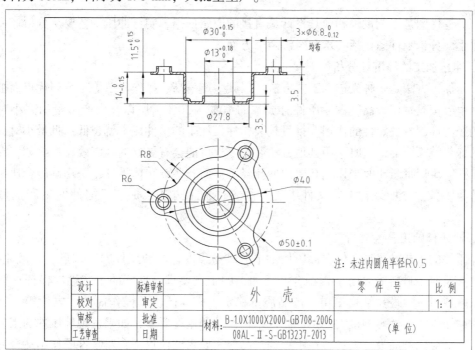

图6-1 外壳零件图

本项目任务要求如下。

（1）能合理分析外壳的结构工艺性。

（2）能合理制订冲压工艺方案。

（3）能合理确定各工序模具结构、准确进行工艺计算、选择冲压设备等，填写冲压工艺卡。

（4）能完整、清晰地绘制出各工序的模具装配简图。

（5）编写整理设计计算说明书。

6.2　冲压工艺规程基础知识链接

冲压工艺规程是指导冲压件生产过程的工艺技术文件。编制冲压工艺规程通常是针对某一具体的冲压件，根据其材料、结构特点、尺寸精度及生产批量等，按照现有设备和生产能力等，拟订出最为经济合理、技术上切实可行的加工工艺方案。方案包括模具的结构形式、使用设备、检验要求、工艺定额等内容。此项工作往往由工艺设计人员完成，实际生产中还需与产品设计、模具设计人员以及模具制造、冲压生产人员紧密配合，力求编制出合理的冲压工艺规程。

冲压工艺规程一经确定，就以正式的冲压工艺文件形式固定下来。冲压工艺文件一般指冲压工艺卡，是模具设计以及指导冲压生产工艺过程的依据。冲压工艺规程的编制，对于冲压件的质量、劳动生产率、生产成本、工人劳动强度以及安全生产等都有重要的影响。

6.2.1　分析零件图

产品零件图是工艺设计和模具设计最直接的原始依据，制订冲压工艺要从分析产品的零件图入手。分析零件图包括技术和经济两个方面。

1. 冲压加工的经济性分析

冲压加工方法是一种先进的工艺方法，以其生产率高、操作简单等一系列优点而被广泛使用。由于模具费用较高，占冲压件总成本的 10% ~ 30%，所以，生产批量的大小对冲压加工的经济性起着决定性的作用。批量越大，冲压加工的单件成本就越低；批量小时，冲压加工的优势就不明显，这时采用其他方法制作零件可能会有更好的经济效益。例如，在零件上加工孔，生产批量小时采用钻孔要比冲孔经济；而有些旋转体零件，采用旋压会比拉深有更好的经济效益。所以，工艺文件中规定的零件加工方法，是基于零件的生产批量而制订的。

2. 冲压件的工艺性分析

冲压件的工艺性是指零件在冲压加工中的难易程度，即冲压件的结构形状、尺寸大小、精度要求及所用材料等方面是否符合冲压加工的工艺要求。良好的工艺性应保证材料消耗少、工序数目少、模具结构简单、产品质量稳定、成本低以及操作简单、方便等。一般来说，对冲压件工艺性影响最大的是冲压件结构尺寸和精度要求，如果发现冲压件的工艺性不合理，则应会同产品设计人员，在不影响产品使用要求的前提下，对零件图作出适合冲压工艺性的修改。

6.2.2　制订冲压工艺方案

在冲压工艺分析的基础上，拟订出几套可能的工艺方案。然后从企业现有的生产技术条件出发，对各种方案进行综合分析和比较，确定出经济合理、技术可行的最佳工艺方案。

制订冲压工艺方案包括以下内容：通过分析和计算，确定冲压工序的性质、数量、顺序、组合方式、定位方式；确定各工序件的形状和尺寸；安排其他辅助工序等。

1. 工序性质

工序性质是指所选用的基本冲压工序，如分离工序中的落料、冲孔、切边等，成形工序中的弯曲、拉深、翻边等。工序性质的确定主要取决于冲压件的形状、尺寸、精度，同时还需考虑工件的变形性质和具体的生产条件。

一般来说，工序性质可根据工件图直观的确定，如平板状零件冲压加工，通常采用落料、冲孔工序；弯曲件的冲压加工，通常采用落料、弯曲工序；拉深件的冲压加工，通常采用落料、拉深、切边工序。

但在某些情况下，需经对工件图进行分析、计算、比较后才能确定工序性质。例如，有些内孔翻边必须计算其翻边系数，以便确定该翻边件的高度能否一次翻出，若不能一次翻出，则要改用拉深后冲底孔再翻边，以弥补翻边高度的不足。

同一加工内容，由于形状、尺寸、公差及生产批量不同，采取的方法也可不同。所以，工艺方法的选用通常是经过详细分析后而确定的。

2. 工序数量

工序数量是指整个冲压加工过程中的全部工序数（包括辅助工序数）的总和。工序数量主要根据工件的形状、尺寸精度、材料性质、生产批量等确定，在具体情况下还需考虑实际模具制造能力、冲压设备条件及工艺稳定性等因素的影响。

工序数量的确定原则是：在保证工件质量的前提下，考虑生产率和经济性的要求，适当减少或不用辅助工序，把工序数量控制到最少。

3. 工序顺序

工序顺序是指工序的先后顺序，主要取决于冲压变形规律和零件的质量要求，其次考虑操作方便、毛坯定位可靠、模具结构简单等。一般情况下，工序顺序的安排原则如下。

（1）所有的孔只要其形状和尺寸不受后序工序变形的影响，都应尽量在平板毛坯上冲出。

（2）对于有孔（或切口）的冲裁件，如果采用单工序模，一般应先落料后冲孔，若采用连续模应先冲孔后落料。

（3）靠近弯曲线的孔应在弯曲后冲出。

（4）带孔的拉深件应先拉深后冲孔，如果孔的位置在拉深件的底部，且孔径尺寸及位置精度要求不高时，可以先在毛坯上冲孔再拉深。

（5）多角弯曲应从材料变形和材料在弯曲时的运动两方面来安排弯曲顺序。一般先弯外角，后弯内角。

（6）对于复杂的旋转体拉深件，一般先拉深大尺寸的外形，后拉深小尺寸的内形；对于复杂的非旋转体拉深件，为便于材料的变形和流动，则应先成形内部形状，再成形外部形状。

（7）校正、整形、切口等工序一般应安排冲压件基本成形后进行。

4. 工序组合

工序组合是指把零件的多个工序合并成为一道工序用复合模或连续模进行生产。工序组合能否实现及组合的程度如何主要取决于零件的生产批量、形状尺寸、质量精度要求；其次，考虑模具结构、模具强度、模具制造维修及现场设备能力等。

一般来说，大批量生产时应尽可能把工序集中起来，以提高生产率、降低成本；小批量生产时宜采用结构简单、制造方便的单工序模。但为了操作安全或减少小工件占地面积和工序周转的运输费用和劳动量，对于不便取拿的小件和大型冲压件，批量小时也可使工序适当组合。

6.2.3　选择模具类型及结构形式

根据已确定的冲压工艺方案，综合考虑冲压件的质量要求、生产批量大小、冲压加工成本以及冲压设备情况、模具制造能力等生产条件后，选择模具类型，最终确定采用单工序模、还是复合模或级进模。

如果冲压件的生产批量较小，可以考虑采用结构简单、制造方便的单工序模具，从而降低生产成本。但有时从操作、安全、送料、节约场地等角度考虑，即使批量不大，也可采用复合模或级进模，如取拿不便的小件，从送料方便和安全考虑可采用条料或带料在级进模上冲压；大型冲压件如采用单工序模则有可能增加模具费用，加之传送不便，占用场地，故也常采用复合模。

如果冲压件的生产批量较大，则应尽量考虑将几道工序组合在一起，采用复合模或级进模，以提高生产率，减少劳动量，降低成本。但应当注意的是，在采用复合模实现冲压时，必须考虑复合模具结构中凸凹模壁厚的强度问题，当强度不够时，应根据实际情况改选级进模或其他类型模具；在采用级进模实现冲压时，工序越多，可能产生的累积误差越大，就会对模具的制造精度和维修提出更高的要求。

模具结构形式主要是指模具采用正装还是倒装结构。凹模在下的结构称为正装结构，反之，凹模在上的结构称为倒装结构。一般原则如下。

（1）单工序冲裁模一般都采用正装结构，工件（或废料）从凹模孔落下，操作方便，如要求工件平整（或工件较大）时，可采用弹顶器将落料件从凹模内顶出。

（2）复合冲裁模大多采用倒装结构，废料可直接从凸凹模孔内落下，不需清理，工件则由打料杆从凹模孔内推出。

（3）首次无压边拉深模一般都采用正装结构，出料方便。

（4）带压边的首次拉深模一般采用倒装结构，此时压边装置放在模具的外面，不受模具空间的限制，可提供较大的压边力，模具结构紧凑。

6.2.4　选择冲压设备

设备选择主要包括设备类型和技术规格两方面的选择。

1. 设备类型的选择

设备类型主要根据所要完成的冲压工序性质、生产批量、冲压件的尺寸及精度要求等选取。

（1）对于中小型的冲裁件、弯曲件、浅拉深件，常采用开式曲柄压力机。它具有3面敞开的空间、操作方便、容易安装、成本低的优点。

（2）对于大中型或精度要求较高的冲压件，可采用精度较高的闭式曲柄压力机。这种压力机两侧封闭，刚度好，但操作不如开式压力机方便。

（3）对于大型或结构较复杂的拉深件，常采用双动压力机。这种压力机能提供恒定的压边力，压边效果好。

（4）对于批量很大的中小型冲压件，可选用自动压力机。

（5）对于材料厚或较深的拉深件，常采用液压机。液压机的工作行程可以调节，尤其适合于施力行程较大的冲压加工，而且不会因为板料厚度超差而过载。但液压机生产速度慢，效率低。

（6）对于精密冲压件，最好选用专用的精冲压力机。否则，要利用精度和刚度较高的普通压力机或液压机，必须添置压边系统和反压系统后进行精冲。

2. 设备技术规格的选择

冲压设备技术规格的选择主要取决于冲压工艺力、变形功及模具尺寸等。在进行模具设计时，还要对所选设备进行必要的校核。

（1）公称压力。根据曲柄连杆机构的工作原理可知，压力机滑块的压力在全行程中不是常数，而是随曲柄转角的变化而变化的。因此，选用压力机时，不仅要考虑公称压力的大小，还要保证完成冲压加工时的冲压工艺力曲线必须在压力机滑块的许用负荷曲线之下。一般冲压时，压力机的公称压力应大于或等于冲压总工艺力的1.3倍。

（2）滑块行程。其大小应能保证毛坯或半成品的放入及成形零件的取出方便。一般冲裁工序所需的行程较小，弯曲、拉深工序所需的行程较大，此时所需压力机的滑块行程至少应大于或等于成品零件高度的2.5倍。

（3）装模高度。模具的闭合高度 H 必须适合于压力机的最大装模高度 $H_{\max}$ 和最小装模高度 $H_{\min}$ 的范围要求，它们之间的关系为：

$$H_{\min} + 10 \leqslant H \leqslant H_{\max} - 5$$

（4）其他参数。压力机工作台上垫板的平面尺寸应大于模具下模座的平面尺寸，一般每边留有 50 ~ 70 mm 固定模具的充分余地。

模具底部设有的漏料孔或弹顶装置的尺寸必须小于压力机的工作台孔尺寸。

模具的模柄直径必须和压力机滑块内模柄安装孔的直径相一致，模柄高度应小于模柄安装孔的深度。

6.2.5 编写冲压工艺文件

冲压工艺文件一般以工艺卡的形式表示，它综合地表达了冲压工艺设计的具体内容，包括工序名称、工序次数、工序草图（半成品形状和尺寸）、所用模具、所选设备、工序检验要求、板料规格和性能、毛坯形状和尺寸等。

工艺卡是生产中的重要工艺文件。目前，工艺卡尚未有统一的格式，6.3.4节所列的格式为某厂的冲压工艺卡片，表中各项可根据企业情况进行填写。

设计计算说明书是编写冲压工艺过程中设计计算的主要依据，对于一些重要的冲压件，应在工艺制订和模具设计之后，整理编写设计计算说明书，供以后审阅备查。其主要内容有：冲压件的工艺分析，毛坯尺寸计算，排样设计，工艺方案的分析比较，半成品形状和尺寸的计算，模具类型及结构的确定，凸、凹模工作部分尺寸的计算，主要零件的强度计算及校核，冲压力的计算及压力机的选取，压力中心位置的确定，模架及弹性元件的选取等。

6.3　项目实施

6.3.1　外壳的工艺性分析

汽车车门玻璃升降器的传动机构装在外壳内，外壳通过凸缘上 3 个均布的翻孔连接在车门座板上。外壳的零件图如图 6 - 1 所示，材料为 08AL，厚 1.0 mm，大批量生产。

该零件为旋转体，是一个带凸缘的圆筒形拉深件。作为拉深成形尺寸，其相对值 $d_凸/d$、h/d 都比较合适，拉深工艺性较好。外壳主要配合尺寸 $\phi 30^{+0.15}_{0}$、$\phi 13^{+0.18}_{0}$、$\phi 6.8^{0}_{-0.12}$、$14^{0}_{-0.15}$、$11.5^{+0.15}_{0}$、$\phi 50 \pm 0.1$ 都低于 IT11 级，其余尺寸均为未注公差，能满足普通冲压的要求。

底部圆角半径 $r_p = 0.5 < t$，且底部压有 $\phi 27.8$ mm 的凸台，故应在拉深之后增加压印、整形工序。

制件材料 08AL 是常用的冲压材料，塑性较好，易于拉深成形，因此，该制件的冲压工艺性较好。

6.3.2　确定冲压工艺方案

为了确定工艺方案，首先应计算毛坯尺寸并确定拉深次数（以下尺寸均为中线尺寸代入）。

1. 确定修边余量 δ

根据凸缘直径 $d_t = 62$ mm 和凸缘相对直径 $d_t/d = 62/31 = 2.0$，查表 4 - 2 得修边余量 $\delta = 3.0$ mm。

2. 计算毛坯直径 D（加上修边余量在内）

查表 4 - 3 得：
$$D = \sqrt{d_4^2 + 4d_2 H - 3.44 r d_2}$$
$$= \sqrt{(62+6)^2 + 4 \times 31 \times 13 - 3.44 \times 1 \times 31}$$
$$= 78.29 \text{（mm）}$$

3. 确定拉深次数

由于凸缘相对直径 $\dfrac{d_t}{d} = \dfrac{68}{31} = 2.2 > 1.4$，所以，此制件为宽凸缘拉深件。根据凸缘相对直径及毛坯相对厚度 $\dfrac{t}{D} = \dfrac{1.0}{78.29} \times 100 = 1.28$，查表 4 - 18 得允许的第 1 次拉深的最大相对高度 $\dfrac{h_1}{d_1} = 0.40$，外壳的相对高度 $\dfrac{h}{d} = \dfrac{13}{31} = 0.42$，因为 $\dfrac{h_1}{d_1} < \dfrac{h}{d}$，所以不能一次拉深成功。

查表 4 - 17 得第 1 次拉深极限拉深系数 $m_1 = 0.41$，查表 4 - 19 得第二次拉深的极限拉深系数 $m_2 = 0.75$，则预算各次拉深时筒部直径：
$$d_1 = m_1 D = 0.41 \times 78.29 = 32 \text{（mm）}$$
$$d_2 = m_2 d_1 = 0.75 \times 32 = 24 \text{（mm）} < 31 \text{ mm}$$

即两次拉深可以完成。

4. 确定冲压工艺方案

根据该零件形状，冲压需要的基本工序为：落料、拉深、压印、整形、冲孔、翻孔、切边。根据上面的分析可拟订如下几种冲压方案。

方案一：落料与首次拉深复合，其余按基本工序。

方案二：落料与首次拉深复合，压印与整形复合，翻孔 $\phi 13_{0}^{+0.18}$ 和 $\phi 6.8_{-0.12}^{0}$ 复合，其余按基本工序。

方案三：采用级进模或在多工位自动压力机上冲压。

分析：方案一工序复合程度较低，生产率较低，不能满足生产批量的要求。方案三模具结构复杂，设计与制造困难。方案二采用复合模与单工序模组合，不仅能满足生产批量对效率的要求，也能简化模具结构，同时也没有凸凹模壁厚过小的问题。因此决定采用方案二。

6.3.3 相关工艺计算及选择

1. 排样设计

（1）为保证冲裁件质量，排样采用有废料直排。

（2）搭边值。查表 1 – 9 得最小工艺间距值为 0.8 mm，可取 $a_1 = 1.0$ mm；最小工艺边距为 1.0 mm，可取 $a = 1.5$ mm（考虑模具结构，搭边值可适当放大）。

（3）条料宽度。要求手动送料，使条料紧贴一侧导料板。查表 1 – 12 可以确定条料宽度的下料偏差为 $\Delta = 0.5$（落料时毛坯尺寸可取 78.5 mm）。

$$B = (D + 2a + \Delta)_{-\Delta}^{0}$$
$$= (78.5 + 2 \times 1.5 + 0.5)_{-0.5}^{0}$$
$$= 82_{-0.5}^{0} (\text{mm})$$

（4）送料步距。$A = L + a_1 = 78.5 + 1.0 = 79.5$（mm）

（5）材料利用率。（板料规格 1 000 mm × 2 000 mm）

① 板料纵裁利用率。

条料数量：

$$n_1 = 1 000/82 = 12 \text{（条）} \quad \text{余 16 mm}$$

每条零件数量：

$$n_2 = (2 000 - 1.0)/79.5 = 25 \text{（个）} \quad \text{余 11.5 mm}$$

每张板料可冲零件总数：

$$n = 12 \times 25 = 300 \text{（个）}$$

一张板料总的材料利用率：

$$\eta = \frac{nS}{A \times B} = \frac{300\pi \times (78.5 \div 2)^2}{1 000 \times 2 000} \times 100\% \approx 72.56\%$$

② 板料横裁利用率。

条料数量：

$$n_1 = 2 000/82 = 24 \text{（条）} \quad \text{余 32 mm}$$

每条零件数量：

$$n_2 = (1 000 - 1.0)/79.5 = 12 \text{（个）} \quad \text{余 45 mm}$$

每张板料可冲零件总数：

$$n = 24 \times 12 = 288 \text{（个）}$$

一张板料总的材料利用率：

$$\eta = \frac{nS}{A \times B} = \frac{288\pi \times (78.5/2)^2}{1\,000 \times 2\,000} \times 100\% \approx 69.66\%$$

因此，板料采用纵裁的方式时，材料的利用率高。

（6）排样图。外壳排样图如图 6 - 2 所示。

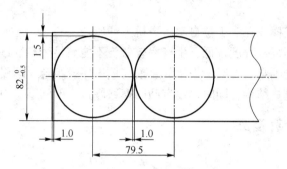

图 6 - 2　外壳排样图

2. 确定拉深半成品尺寸（中线尺寸）

1）半成品直径

调整拉深系数如下：

$$m_1 = 0.51 \qquad d_1 = m_1 D = 0.51 \times 78.5 \approx 40 \text{（mm）}$$

$$m_2 = 0.77 \qquad d_2 = m_2 d_1 = 0.77 \times 40 \approx 31 \text{（mm）}$$

2）圆角半径

首次拉深凹模圆角半径按式（4 - 5）计算，选取 $r_{d1} = r_{p1} = 4.5$ mm，$r_{d2} = r_{p2} = 2.5$ mm。

3）半成品高度

可利用毛坯尺寸公式演变得到的半成品高度计算公式求得，$h_1 = 13$ mm，$h_2 = 13$ mm。

3. 计算孔翻边预制孔的尺寸

1）翻孔 $\phi 13^{+0.18}_{0}$ 的预制孔直径

$$\begin{aligned}
d_0 &= D - 2(H - 0.43r - 0.72t) \\
&= 14 - 2(3.5 - 0.43 \times 0.5 - 0.72 \times 1.0) \\
&= 8.87 \text{（mm）}
\end{aligned}$$

上述计算得出的只是近似值，实际生产中还往往通过试冲来检验和修正计算值。

查表 5 - 1 得此孔的极限翻边系数 $m_{\min} = 0.50$，实际翻边系数 $m = d_0/D = 8.87/14 = 0.63$，因为 $m > m_{\min}$，所以，翻边后口部不会出现裂纹。

2）翻孔 $\phi 6.8^{0}_{-0.12}$ 的预制孔直径

$$\begin{aligned}
d_0 &= D - 2(H - 0.43r - 0.72t) \\
&= 5.8 - 2(3.5 - 0.43 \times 0.5 - 0.72 \times 1.0) \\
&= 0.67 \text{（mm）}
\end{aligned}$$

对于此小孔翻边应不先加工预制孔，而是采用带尖的锥形凸模，在翻边时先完成刺孔继而进行翻孔。实际翻边后口部可能出现小的裂纹，对于这种固定用的小孔翻边结构上应该是允许的。

4. 计算冲压工艺力，选择压力机

1）落料拉深

该模具采用如图4-9所示的结构，考虑模具结构可采用刚性卸料装置，总冲压力为：

$$F_{总} = F_{落} + F_{拉} + F_{压}$$

对于材料08AL，$\sigma_b = 400$ MPa

$$F_{落} = Lt\sigma_b = 78.5 \times 3.14 \times 1.0 \times 400 = 98\,596 \text{（N）} \approx 98.6 \text{（kN）}$$

$$F_{拉} = \pi d_1 t\sigma_b K_1 = 3.14 \times 40 \times 1.0 \times 400 \times 1.0 = 50\,240 \text{（N）} = 50.24 \text{（kN）} （K_1\text{为修正系数，可由表4-8查得）}$$

$$F_{压} = 0.25\, F_{拉} = 0.25 \times 50.24 = 12.56 \text{（kN）}$$

总冲压力为：

$$F_{总} = F_{落} + F_{拉} + F_{压}$$
$$= 98.6 + 50.24 + 12.56$$
$$= 161.4 \text{（kN）}$$

对于深拉深 $F_{设} \geq (1.8 \sim 2.0) F_{总}$，可初步选择开式可倾压力机，型号为 J23-40，其公称压力为 400 kN。最小装模高度为 200 mm，最大装模高度为 265 mm；模柄孔直径为 50 mm、深为 70 mm；工作台尺寸前后为 460 mm、左右为 700 mm。

2）二次拉深

$$F_{拉2} = \pi d_2 t\sigma_b K_2 = 3.14 \times 31 \times 1.0 \times 400 \times 0.85 = 33\,095.6 \text{（N）} \approx 33.1 \text{（kN）} （K_2\text{为修正系数，可由表4-8查得）}$$

$$F_{压} = \frac{\pi}{4} \left[d_1^2 - (d_2 + 2r_{d2})^2 \right] q = \frac{\pi}{4} \left[40^2 - (31 + 2 \times 2.5)^2 \right] \times 2.5 \approx 0.597 \text{（kN）}$$

（q 为单位面积压边力，可由表4-11查得）

因为拉深系数 $m_2 = 0.77$，查表4-9，应该采用压边圈，同时兼做定位之用。

总冲压力为：

$$F_{总} = F_{拉2} + F_{压}$$
$$= 33.1 + 0.597$$
$$= 33.697 \text{（kN）}$$

虽然二次拉深需要的冲压力较小，但考虑到模具结构的需要，故初步选择开式可倾压力机，型号为 J23-25，其公称压力为 250 kN。最小装模高度为 165 mm，最大装模高度为 220 mm；模柄孔直径为 40 mm、深为 60 mm；工作台尺寸前后为 370 mm、左右为 560 mm。

3）压印、整形

$$F_{整} = AP = \frac{\pi}{4}\left[(31 + 2 \times 2.5)^2 - (27.8 - 2 \times 1.5)^2 \right] \times 200 = 106\,910.72 \text{（N）} \approx 106.9\text{（kN）}$$

卸料力和顶件力可取整形力的10%。

$$F_{卸} = 0.1 F_{整} = 0.1 \times 106.9 = 10.69 \text{（kN）}$$

$$F_{顶} = 0.1 F_{整} = 0.1 \times 106.9 = 10.69 \text{（kN）}$$

总冲压力为：

$$F_{总} = F_{整} + F_{卸} + F_{顶}$$
$$= 106.9 + 10.69 + 10.69$$
$$= 128.28 \text{（kN）}$$

初步选择开式可倾压力机，型号为 J23 - 40，其公称压力为 400 kN。最小装模高度为 200 mm，最大装模高度为 265 mm；模柄孔直径为 50 mm，深为 70 mm；工作台尺寸前后为 460 mm，左右为 700 mm。

4）冲孔（$\phi 8.87$）

$$F_{孔} = L_{孔}t\sigma_b = 3.14 \times 8.87 \times 1.0 \times 400 = 11\,140.72\,（N） \approx 11.1\,（kN）$$

$$F_{卸} = K_{卸}F_{孔} = 0.05 \times 11.1 \approx 0.56\,（kN）$$

$$F_{推} = nK_{推}F_{孔} = 6 \times 0.055 \times 11.1 \approx 3.7\,（kN）（凹模刃口深度初步定为 8\ mm）$$

$$F_{总} = 11.1 + 0.56 + 3.7 = 15.36\,（kN）$$

初步选择开式可倾压力机，型号为 J23 - 10，其公称压力为 100 kN。最小装模高度为 110 mm，最大装模高度为 145 mm；模柄孔直径为 30 mm，深为 55 mm；工作台尺寸前后为 240 mm，左右为 370 mm。

5）翻孔、冲翻孔

$$F_1 = 1.1\pi(D - d_0)t\sigma_b = 1.1 \times 3.14 \times (14 - 8.87) \times 1.0 \times 400 = 7\,087.608（N）$$
$$\approx 7.1（kN）$$

$$F_2 = 3 \times 1.1\pi(D - d_0)t\sigma_b = 3 \times 1.1 \times 3.14(6.8 - 0.67) \times 1.0 \times 400$$
$$= 25\,407.624（N） \approx 25.4（kN）$$

$$F_{压} = 0.25F_{翻} = 0.25 \times (7.1 + 25.4) = 8.125（kN）$$

$$F_{卸} = 0.05F_{翻} = 0.05 \times (7.1 + 25.4) = 1.625（kN）$$

总冲压力为：

$$F_{总} = F_{翻} + F_{压} + F_{卸}$$
$$= 32.5 + 8.125 + 1.625$$
$$= 42.25\,（kN）$$

初步选择开式可倾压力机，型号为 J23 - 10，其公称压力为 100 kN。最小装模高度为 110 mm，最大装模高度为 145 mm；模柄孔直径为 30 mm，深为 55 mm；工作台尺寸前后为 240 mm，左右为 370 mm。

6）切边（可利用 CAD 软件查询修边周长）

$$F_{边} = L_{边}t\sigma_b = 174.223\,6 \times 1.0 \times 400 = 69\,689.44\,（N） \approx 69.7\,（kN）$$

$$F_{刀} = 3L_{刀}t\sigma_b = 3 \times 3 \times 1.0 \times 400 = 3\,600\,（N） = 3.6\,（kN）$$

$$F_{总} = 69.7 + 3.6 = 73.3\,（kN）$$

初步选择开式可倾压力机，型号为 J23 - 16，其公称压力为 160 kN。最小装模高度为 135 mm，最大装模高度为 180 mm；模柄孔直径为 40 mm，深为 60 mm；工作台尺寸前后为 300 mm，左右为 450 mm。

需要说明的是，以上选用的压力机只是初步根据冲压力来选取的，还需要根据模具闭合高度、安装配合尺寸、设备使用情况等，进一步合理安排。

6.3.4 填写外壳冲压工艺卡

外壳冲压工艺卡如表 6 - 1 所示。

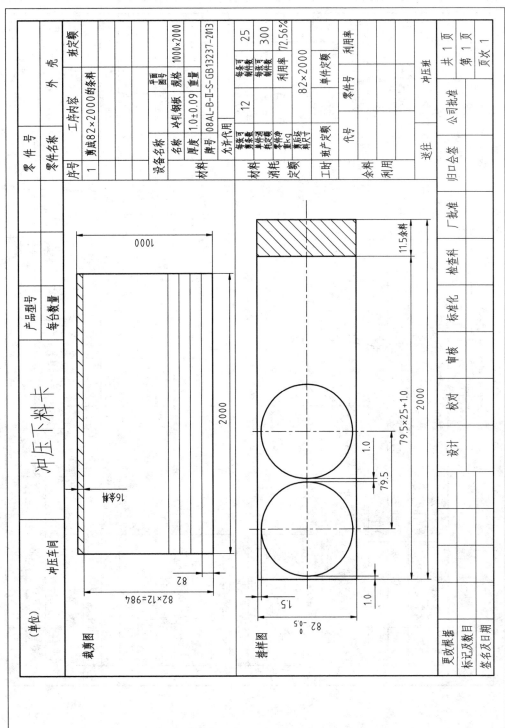

表6-1 外壳冲压工艺卡

续表

冲压工序卡

（单位）	冲压车间		产品型号		零件号	
			每台数量		零件名称	外壳
材料	名称	冷轧钢板	供料尺寸	1000×2000	每张件数	300
	牌号	08AL-B-II-S-GB13237-2013	黄后毛坯尺寸	82×2000	每条件数	25
	厚度	1.0±0.09	单件毛坯尺寸	82×79.5	零件净重	
	代用		单件消耗定额	单件利用率 74.2%	送往：半成品库	

供料重量　黄后毛坯重量　单件毛坯重量

工序号	工序名称及要求	零件工序简图	设备 名称和型号 平面图号	模具 名称 编号	检具 名称及规格 编号	安全装置 名称及编号	每件时间定额（分）	操作定员
C2	落料拉深		压力机 J23-40	落料拉深模	游标卡尺 0~150 j0.02　高度卡尺 0~300 j0.02	扁嘴钳		1
C3	一次拉深		压力机 J23-25	二次拉深模	游标卡尺 0~150 j0.02	扁嘴钳		1
C4	压印、整形 $\phi30^{+0.15}_{\ 0}$ 深 $11.5^{+0.15}_{\ 0}$		压力机 J23-40	压印、整形模	游标卡尺 0~150 j0.02　高度卡尺 0~300 j0.02	扁嘴钳		1
C5	冲孔 翻孔 $\phi13^{+0.18}_{\ 0}$ 的预制孔 $\phi8.87$		压力机 J23-10	冲孔模	游标卡尺 0~125 j0.02	扁嘴钳		1
C6	翻孔、冲翻孔 $\phi13^{+0.18}_{\ 0}$，$3×\phi6.8^{\ 0}_{-0.12}$		压力机 J23-10	翻孔、冲翻孔模	游标卡尺 0~150 j0.02　高度卡尺 0~300 j0.02	扁嘴钳		1
C7	切边		压力机 J23-16	切边模	游标卡尺 0~125 j0.02	扁嘴钳		1
8J	检查：尺寸和外观 频次：3次/班							

	设计	校对	审核	标准化	检查料	厂批准	归口会签	公司批准
更改根据								
标记及数目							共7页	
签名及日期							第1页 页次 2	

续 表

（单位）	冲压工序卡		工序号	零（合）件号		产品型号		共7页
	工艺规程		C 2					第2页
				零（合）件名称	外 壳	零件名称		页次 3
冲压车间								

落料拉深

冲压方向 →

（图：拉深件剖面，标注 R4、R4、Φ39、(Φ68)、7）

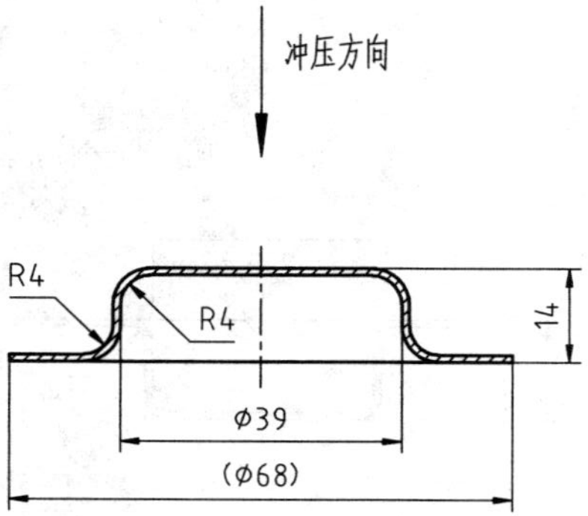

更改根据			设计	校对	审核	标准化	厂批准	检查科	归口会签	工艺处	公司批准
标记及数目											
签名及日期											

续 表

（单位）	冲压车间	冲压工序卡 工艺规程	工序号	零（合）件号		产品型号		共7页
			C 3					第3页
				零（合）件名称		零件名称		页次 4
						外　壳		

二次拉深

冲压方向 →

$14^{+0.2}_{\ 0}$

$\phi 30^{\ 0}_{-0.2}$

R2

R2

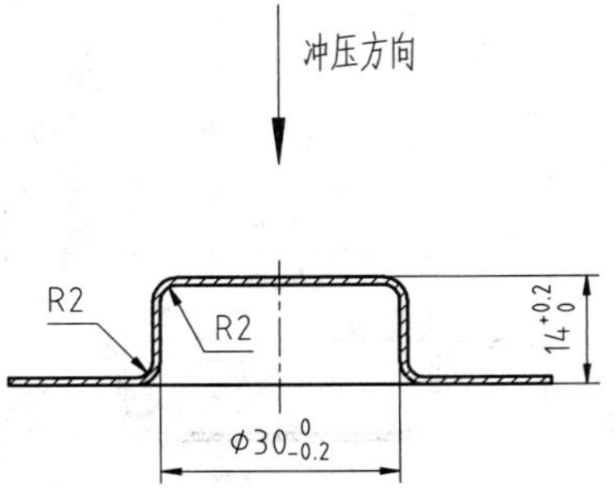

更改根据					设计	校对	审核	标准化	厂批准	检查科	归口会签	工艺处	公司批准
标记反数目													
签名及日期													

续　表

（单位）	冲压车间	冲压工序卡 工艺规程	工序号	C 4	零（合）件号		产品型号		共7页
			零（合）件名称	外　壳			零件名称		第4页
									页次 5

压印、整形
以筒壁外形定位

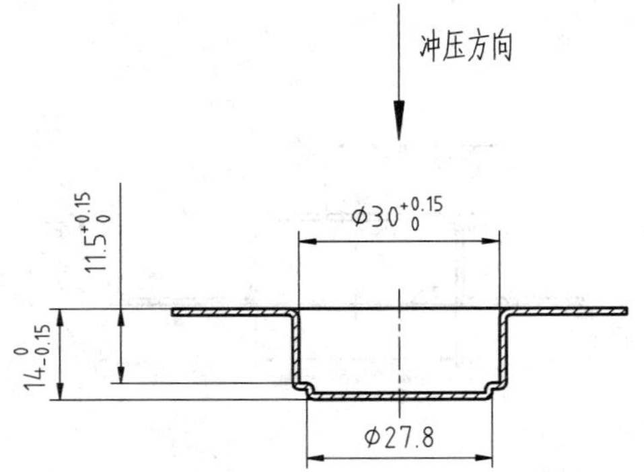

冲压方向 →

$\phi 30^{+0.15}_{0}$

$\phi 27.8$

$11.5^{+0.15}_{0}$

$14^{0}_{-0.15}$

注：未注内圆角R0.5

更改根据		设计	校对	审核	标准化	检查科	厂批准	归口会签	工艺处	公司批准
标记及数目										
签名及日期										

续 表

(单位)	冲压车间	冲压工序卡 工艺规程	工序号	零(合)件号	产品型号		共7页
			C5				第5页
				零(合)件名称	零件名称 外 壳		页次 6

冲孔
以筒壁外形定位

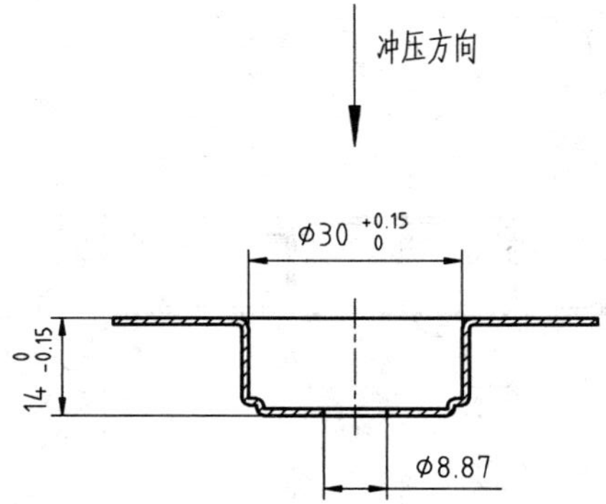

冲压方向

$\phi 30^{+0.15}_{0}$

$\phi 8.87$

$14_{-0.15}^{0}$

更改根据				设计	校对	审核	标准化	检查科	厂批准	归口会签	工艺处	公司批准
标记及数目												
签名及日期												

续表

（单位）	冲压车间	冲压工序卡 工艺规程	工序号	零（合）件号		产品型号		共7页
			C6	零（合）件名称		零件名称		第6页
				外　壳				页次 7

续 表

（单 位） 冲压车间	冲压工序卡 工艺规程	工 序 号	零（合）件号		产品型号	共7页
						第7页
		C 7	零（合）件名称	外 壳	零件名称	页次 8

切边

以φ6.8孔定位

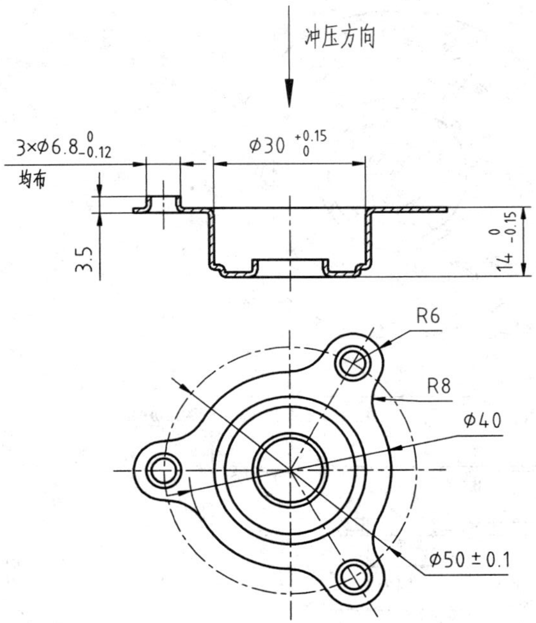

冲压方向
3×φ6.8$^{0}_{-0.12}$
均布
φ30$^{+0.15}_{0}$
3.5
14$^{0}_{-0.15}$
R6
R8
φ40
φ50±0.1

					设计	校对	审核	标准化	检查科	厂批准	归口会签	工艺处	公司批准
更改根据													
标记及数目													
签名及日期													

6.3.5 各工序模具结构简图

根据制订的工艺方案，半成品工序件的形状、尺寸、精度以及选用的压力机的技术参数、模具制造条件、安全生产因素等，确定各工序的模具结构，如图6-3～图6-8所示。

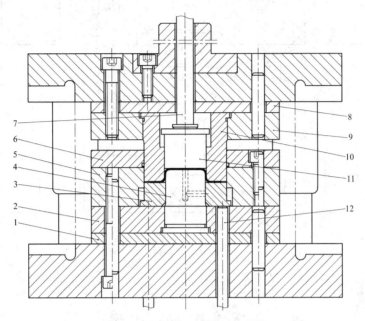

图6-3 外壳落料、拉深复合模

1—下垫板；2—下固定板；3—压边圈；4—拉深凸模；5—落料凹模；6—卸料板；
7—推杆；8—上垫板；9—凸凹模固定板；10—凸凹模；11—推件块；12—顶杆

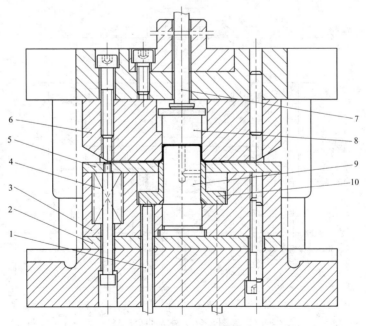

图6-4 外壳二次拉深模

1—顶杆；2—垫板；3—固定板；4—弹簧；5—卸料板；
6—凹模；7—推杆；8—推件块；9—凸模；10—压边圈

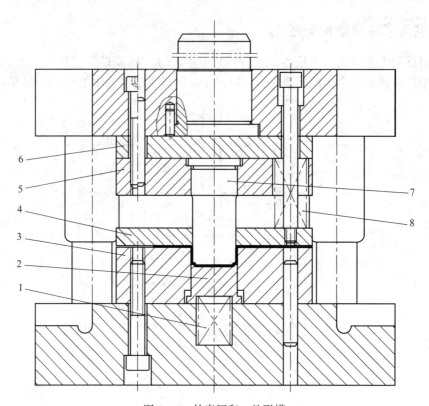

图 6-5 外壳压印、整形模

1—弹簧；2—顶件块；3—凹模；4—压边圈；
5—固定板；6—垫板；7—凸模；8—弹簧

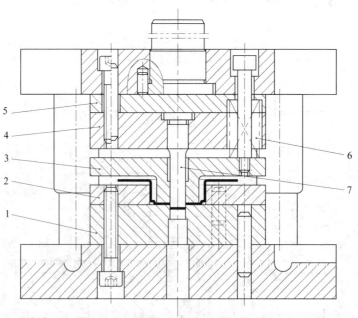

图 6-6 外壳冲孔模

1—凹模；2—定位板；3—卸料板；4—固定板；
5—垫板；6—弹簧；7—凸模

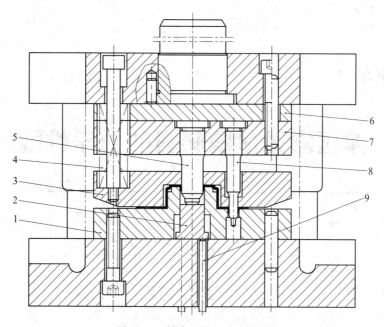

图6-7 外壳翻孔、冲翻孔模

1—凹模；2—顶件块；3—压边圈；4—弹簧；5—凸模1；

6—垫板；7—固定板；8—凸模2；9—顶杆

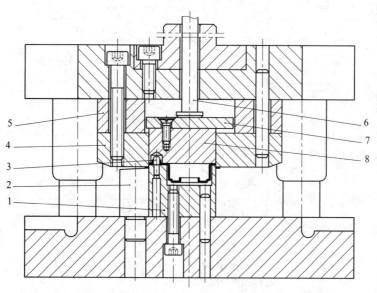

图6-8 外壳切边模

1—凸模；2—废料切刀；3—定位销；4—凹模；

5—垫块；6—推杆；7—挡板；8—推件块

冲压常用金属材料的力学性能

材料名称	牌号	材料状态	力学性能			
			抗剪强度 τ / MPa	抗拉强度 σ_b / MPa	屈服强度 σ_s / MPa	伸长率 δ / %
电工用纯铁	DT1、DT2、DT3	已退火	180	230	——	26
普通碳素钢	Q195	未经退火	260 ~ 320	320 ~ 400	200	28 ~ 33
	Q235		310 ~ 380	380 ~ 470	240	21 ~ 25
	Q275		400 ~ 500	500 ~ 620	280	15 ~ 19
优质碳素结构钢	08F	已退火	220 ~ 310	280 ~ 390	180	32
	08		260 ~ 360	330 ~ 450	200	32
	10		260 ~ 340	300 ~ 440	210	29
	20		280 ~ 400	360 ~ 510	250	25
	45		440 ~ 560	550 ~ 700	360	16
	65Mn		600	750	400	12
不锈钢	1Cr13	已退火	320 ~ 380	400 ~ 470	—	21
	1Cr18Ni9Ti	热处理退火	430 ~ 550	540 ~ 700	200	40
铝	1060、1050A、1200	已退火	80	75 ~ 110	50 ~ 80	25
		冷作硬化	100	120 ~ 150	—	4
硬铝	2A12	已退火	105 ~ 150	150 ~ 215	—	12
		淬硬后冷作硬化	280 ~ 320	400 ~ 600	340	10
纯铜	T1、T2、T3	软	160	200	7	30
		硬	240	300	—	3
黄铜	H62	软	260	300	—	35
		半硬	300	380	200	20
	H68	软	240	300	100	40
		半硬	280	350	—	25

开式可倾压力机主要技术规格

技术参数		单位	型号							
			J23－3.15	J23－6.3	J23－10	J23－16	J23－25	J23－40	J23－63	J23－100
公称压力		kN	31.5	63	100	160	250	400	630	1 000
滑块行程		mm	25	35	45	55	65	100	130	130
滑块行程次数		次/min	200	170	145	120	105	45	50	38
最大闭合高度		mm	120	150	180	220	270	330	360	480
连杆调节长度		mm	25	30	35	45	55	65	80	100
滑块中心线至床身距离		mm	90	110	130	160	200	250	260	380
床身两立柱间距离		mm	120	150	180	220	270	340	350	450
工作台尺寸	前后	mm	160	200	240	300	370	460	480	710
	左右	mm	250	310	370	450	560	700	710	1 080
垫板尺寸	厚度	mm	25	30	35	40	50	65	80	100
	孔径	mm	110	140	170	210	200	220	250	250
模柄孔尺寸	直径	mm	25	30	30	40	40	50	50	60
	深度	mm	45	50	55	60	60	70	80	75
最大倾斜角		(°)	45	45	35	35	30	30	30	30
电动机功率		kW	0.55	0.75	4.1	1.5	2.2	5.5	5.5	10
机床外型尺寸	前后	mm	675	776	895	1 130	1 335	1 685	1 700	2 472
	左右	mm	478	550	651	921	1 112	1 325	1 373	1 736
	高低	mm	1 310	1 488	1 673	1 890	2 120	2 470	2 750	3 312
机床总重量		kg	194	400	576	1 055	1 780	3 540	4 800	10 000

滑动导向后侧导柱标准模架

表 C-1　滑动导向后侧导柱模架尺寸规格（单位：mm）

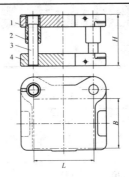

标记示例：

$L=200$ mm、$B=125$ mm、$H=170\sim205$ mm、Ⅰ级精度的冲模滑动导向后侧导柱模架：

滑动导向模架　后侧导柱　$200\times125\times170\sim205$ Ⅰ GB/T 2851—2008

凹模周界		闭合高度（参考）H		零件件号、名称及标准编号			
				1	2	3	4
				上模座 GB/T 2855.1	下模座 GB/T 2855.1	导柱 GB/T2861.1	导套 GB/T2861.3
				数　量			
				1	1	2	2
				规格			
L	B	最小	最大				
63	50	100	115	63×50×20	63×50×25	16×90	60×18
		110	125	63×50×20	63×50×25	16×100	60×18
		110	130	63×50×25	63×50×30	16×100	65×23
		120	140	63×50×25	63×50×30	16×110	65×23
63	63	100	115	63×63×20	63×63×25	16×90	60×18
		110	125	63×63×20	63×63×25	16×100	60×18
		110	130	63×63×25	63×63×30	16×100	65×23
		120	140	63×63×25	63×63×30	16×110	65×23
80	63	110	130	80×63×25	80×63×30	18×100	65×23
		130	150	80×63×25	80×63×30	18×120	65×23
		120	145	80×63×30	80×63×40	18×110	70×28
		140	165	80×63×30	80×63×40	18×130	70×28
100	63	110	130	100×63×25	100×63×30	18×100	65×23
		130	150	100×63×25	100×63×30	18×120	65×23
		120	145	100×63×30	100×63×40	18×110	70×28
		140	165	100×63×30	100×63×40	18×130	70×28
80	80	110	130	80×80×25	80×80×30	20×100	65×23
		130	150	80×80×25	80×80×30	20×120	65×23
		120	145	80×80×30	80×80×40	20×110	70×28
		140	165	80×80×30	80×80×40	20×130	70×28
100	80	110	130	100×80×25	100×80×30	20×100	65×23
		130	150	100×80×25	100×80×30	20×120	65×23
		120	145	100×80×30	100×80×40	20×110	70×28
		140	165	100×80×30	100×80×40	20×130	70×28

续表

凹模周界		闭合高度（参考）H		零件件号、名称及标准编号			
				1	2	3	4
				上模座 GB/T 2855.1	下模座 GB/T 2855.1	导柱 GB/T2861.1	导套 GB/T 2861.3
				数　量			
				1	1	2	2
L	B	最小	最大	规　格			
125	80	110	130	125×80×25	125×80×30	20×100	20×65×23
		130	150			20×120	
		120	145	125×80×30	125×80×40	20×110	20×70×28
		140	165			20×130	
100	100	110	130	100×100×25	100×100×30	20×100	20×65×23
		130	150			20×120	
		120	145	100×100×30	100×100×40	20×110	20×70×28
		140	165			20×130	
125	100	120	150	125×100×30	125×100×35	22×110	22×80×28
		140	165			22×130	
		140	170	125×100×35	125×100×45	22×130	22×80×33
		160	190			22×150	
160	100	140	170	160×100×35	160×100×40	25×130	25×85×33
		160	190			25×150	
		160	195	160×100×40	160×100×50	25×150	25×90×38
		190	225			25×180	
200	100	140	170	200×100×35	200×100×40	25×130	25×85×33
		160	190			25×150	
		160	195	200×100×40	200×100×50	25×150	25×90×38
		190	225			25×180	
125	125	120	150	125×125×30	125×125×35	22×110	22×80×28
		140	165			22×130	
		140	170	125×125×35	125×125×45	22×130	22×85×33
		160	190			22×150	
160	125	140	170	160×125×35	160×125×40	25×130	25×85×33
		160	190			25×150	
		170	205	160×125×40	160×125×50	25×160	25×95×38
		190	225			25×180	
200	125	140	170	200×125×35	200×125×40	25×130	25×85×33
		160	190			25×150	
		170	205	200×125×40	200×125×50	25×160	25×95×38
		190	225			25×180	
250	125	160	200	250×125×40	250×125×45	28×150	28×100×38
		180	220			28×170	
		190	235	250×125×45	250×125×55	28×180	28×110×43
		210	255			28×200	
160	160	160	200	160×160×40	160×160×45	28×150	28×100×38
		180	220			28×170	
		190	235	160×160×45	160×160×55	28×180	28×110×43
		210	255			28×200	

续表

凹模周界		闭合高度(参考) H		零件件号、名称及标准编号			
				1 上模座 GB/T 2855.1	2 下模座 GB/T 2855.1	3 导柱 GB/T2861.1	4 导套 GB/T2861.3
				数　量			
				1	1	2	2
L	B	最小	最大	规　格			
200	160	160	200	200×160×40	200×160×45	28× 150	28× 100×38
		180	220			170	
		190	235	200×160×45	200×160×55	180	110×43
		210	255			200	
250		170	210	250×160×45	250×160×55	160	105×43
		200	240			190	
		200	245	250×160×50	250×160×60	190	115×48
		220	265			210	
200	200	170	210	200×200×45	200×200×50	32× 160	32× 105×43
		200	240			190	
		200	245	200×200×50	200×200×60	190	115×48
		220	265			210	
250		170	210	250×200×45	250×200×50	160	105×43
		200	240			190	
		200	245	250×200×50	250×200×60	190	115×48
		220	265			210	
315		190	230	315×200×45	315×200×55	35× 180	35× 115×43
		220	260			210	
		210	255	315×200×50	315×200×65	200	125×48
		240	285			230	
250	250	190	230	250×250×45	250×250×55	180	115×43
		220	260			210	
		210	255	250×250×50	250×250×65	200	125×48
		240	285			230	
315	250	215	250	315×250×50	315×250×60	40× 200	40× 125×48
		245	280			230	
		245	290	315×250×55	315×250×70	230	140×53
		275	320			260	
400		215	250	400×250×50	400×250×60	200	125×48
		245	280			230	
		245	290	400×250×55	400×250×70	230	140×53
		275	320			260	

表 C-2 滑动导向后侧导柱模架上模座（单位：mm）

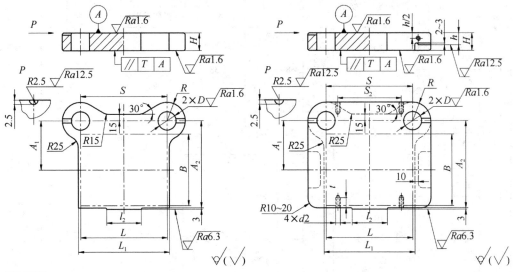

标记示例：

L = 200mm、B = 160mm、H = 45mm 的滑动导向后侧导柱上模座：

上模座　　200 × 160 × 45　GB/T 2855.1—2008

凹模周界		H	h	L_1	S	A_1	A_2	R	l_2	D（H7）		d_2	t	S_2
L	B									基本尺寸	极限偏差			
63	50	20		70	70	45	75							
		25						25	40	25				
63		20		70	70									
		25								+0.021 0				
80	63	25		90	94	50	85							
		30						28		28				
100		25		110	116									
		30												
80		25	—	90	94							—	—	—
		30												
100	80	25		110	116	65	110		60					
		30						32		32				
125		25		130	130						+0.025 0			
		30												
100	100	25		110	116	75	130							
		30												
125		30		130	130			35		35				
		35												

续表

凹模周界		H	h	L_1	S	A_1	A_2	R	l_2	D（H7）		d_2	t	S_2
L	B									基本尺寸	极限偏差			
160	100	35		170	170	75	130	38	80	38	+0.025 / 0	—	—	—
		40												
200		35		210	210									
		40												
125	125	30	—	130	130	85	150	35	60	35				
		35												
160		35		170	170			38	80	38				
		40												
200		35		210	210									
		40												
250		40		260	250				100					
		45												
160	160	40		170	170	110	195	42	80	42				
		45												
200		40		210	210									
		45												
250		45		260	250			45	100	45		M14 – 6H	28	150
		50												
200	200	45	30	210	210	130	235	45	80	45				120
		50												
250		45		260	250				100	50				150
		50												
315		45		325	305			50		50				200
		50												
250	250	45	35	260	250	160	290	50	100	50	+0.030 / 0	M16 – 6H	32	140
		50								55				
315		50		325	305			55		55				200
		55												
400		50		410	390									280
		55												

注：压板台的形状和平面尺寸由制造厂决定。

表 **C - 3** 滑动导向后侧导柱模架下模座 （mm）

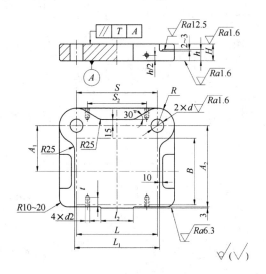

标记示例：

$L = 250$ mm、$B = 200$ mm、$H = 50$ mm 的滑动导向后侧导柱下模座：

下模座 $250 \times 200 \times 50$ GB/T 2855.2—2008

凹模周界		H	h	L_1	S	A_1	A_2	R	l_2	d（R7）		d_2	t	S_2
L	B									基本尺寸	极限偏差			
63	50	25		70	70	45	75	25	40	16				
		30												
63		25		70	70						-0.016			
		30									-0.034			
80	63	30	20	90	94	50	85	28	18					
		40												
100		30		110	116							—	—	—
		40												
80		30		90	94				60					
		40												
100	80	30		110	116	65	110	32	20		-0.020			
		40									-0.041			
125		30	25	130	130									
		40												

续表

凹模周界 L	凹模周界 B	H	h	L_1	S	A_1	A_2	R	l_2	d (R7) 基本尺寸	d (R7) 极限偏差	d_2	t	S_2
100	100	30 / 40	25	110	116	75	130	32	60	20	−0.020 −0.041	—	—	—
125		35 / 40	25	130	130			35	60	22				
160		40 / 50	30	170	170			38	80	25				
200		40 / 50	30	210	210			38	80	25				
125	125	35 / 45	25	130	130	85	150	35	60	22	−0.020 −0.041	—	—	—
160		40 / 50	30	170	170			38	80	25				
200		40 / 50	30	210	210			38	80	25				
250		45 / 55	30	260	250			38	100	25				
160	160	45 / 55	35	170	170	110	195	42	80	28	−0.020 −0.041	—	—	—
200		45 / 55	35	210	210			42	80	28				
250		50 / 60	35	260	250			42	100	28				150
200	200	50 / 60	40	210	210	130	235	45	80	32	−0.025 −0.050	M14 − 6H	28	120
250		50 / 60	40	260	250			45	80	32				150
315		55 / 65	40	325	305			50	100	35				200
250	250	55 / 65	45	260	250	160	290	50	100	35	−0.025 −0.050	M16 − 6H	32	140
315		60 / 70	45	325	305			55	40	40				200
400		60 / 70	45	410	390			55	40	40				280

注: 1. 压板台的形状与平面尺寸由制造厂决定。

2. 安装 B 型导柱时, d (R7) 改为 d (H7)。

附录 D

冲模常用材料及硬度要求

表 D-1 冲模工作零件的选材及硬度

模具类别	工作条件	选用材料	硬度/HRC	
			凸模	凹模
冲裁模	轻载	T10A、9SiCr、CrWMn9Mn2V、Cr12	56~62	58~64
	重载	Cr12MoV、Cr12Mo1V1、Cr4W2MoV、5CrW2Si、7CrSiMnMoV、6CrNiMnSiMoV	56~62	58~64
	精冲	Cr12、Cr12MoV、W6Mo5Cr4 V2、8Cr2MnWMoVS、W18Cr4V	56~62	59~63
	易断凸模	W6Mo5Cr4V2、6Cr4W3Mo2VNb（65Nb）、6W6Mo5Cr4V、7Cr7Mo2V2Si（LD）	58~62	—
	高寿命、高精度模	Cr12Mo1V1、8Cr2MnWMoVS（或硬铝合金类）	58~62	60~64
弯曲模	一般模	T8A、T10A、9Mn2V、Cr12、6CrNiMnSiMoV	56~62	58~62
	复杂模	CrWMn、Cr12、Cr12MoV	56~62	58~64
拉深模	一般模	T8A、T10A、9CrWMn、Cr12、7CrSiMnMoV	56~62	58~64
	重载、长寿命模	Cr12MoV、Cr4W2MoV、W18Cr4V Cr12Mo1V1、W6Mo5Cr4V2（或硬质合金类）	56~62	58~64

表 D-2 冲模结构零件的选材及热处理要求

零件名称	材料	热处理	硬度/HRC	零件名称	材料	热处理	硬度/HRC
凸、凹模固定板	Q235、Q275			侧刃挡块	T8A	淬火	54~58
	45	淬火	28~32				
卸料板	Q235、Q275			导正销	T7A、T8A	淬火	52~56
	45	淬火	43~48	压边圈	T8A	淬火	54~58
挡料销定位销	45	淬火	43~48	楔块滑块	T8A、T10A	淬火	60~62
	T7A、T8A		52~56				
垫板定位板	45	淬火	43~48	导料板	45	淬火	
	T7A、T8A		54~58	承料板	Q235		

冲模零件常用公差配合及表面粗糙度

表 E-1　冲模零件常用公差配合

配合零件名称	精度及配合	配合零件名称	精度及配合
凸模、凹模或凸凹模 与固定板	$\dfrac{H7}{m6}$	圆柱销与固定板、模座等	$\dfrac{H7}{n6}$
凸模或凹模 与模座（镶入式）	$\dfrac{H7}{h6}$	导板与凸模	$\dfrac{H7}{h6}$
固定挡料销与凹模	$\dfrac{H7}{m6}$	压入式模柄与上模座	$\dfrac{H7}{m6}$
活动挡料销与卸料板	$\dfrac{H8}{d9}$	凸缘式模柄与上模座	$\dfrac{H7}{h6}$

表 E-2　冲模零件的表面粗糙度

零　件	表面粗糙度 $Ra/\mu m$
工作零件刃口表面 （凸模、凹模、凸凹模、废料切刀） 垫板上、下面	$0.8 \sim 0.4$
配合面 （工作零件与固定板、圆柱销、挡料销等）	1.6
磨加工的支承、定位、紧固的表面	3.2
不与冲件及其他零件接触的表面	$6.3 \sim 12.5$

冲压件题库

序号	零件名称	零件图	三维模型
1	隔板	φ40 φ80 6 60 材料：Q235 料厚：2 mm	
2	压圈	φ20 φ42 4 22 材料：Q235 料厚：2 mm	
3	制动件	φ5.6 12 R3 10 13 15 33 $7.6_{-0.12}^{0}$ 材料：Q235 料厚：1.5 mm	
4	垫圈	φ19.8 φ13 $φ4.3_{+0.1}^{+0.2}$ R4 23±0.1 材料：H62 料厚：3 mm	
5	支座	81 65±0.1 4×φ6 φ31.5 R1.4 4×R100 47 48±0.1 75 4×R10 4×R1.5 24 材料：Q235 料厚：1.5 mm	

序号	零件名称	零件图	三维模型
6	垫片	材料：H62 料厚：1.5 mm；φ40；φ10；34；(8.68)；R1	
7	支架	R1；8；26；R3；15；40；15；2×φ8；26±0.08；40 0 -0.18；材料：Q235 料厚：2 mm	
8	定位片	R1；14；9.3；φ4.5；R6；11.7；7.7；22.5；12.3；11；9；4；20；φ26；φ6；10.2；R15；φ13；材料：08AL 料厚：2 mm	
9	压簧夹片	13.5；2；2；5；6；R0.5；15.2；4.2；φ4.2；R4；3.6；3.3；3.1；8.2；16.7；材料：08AL 料厚：1 mm	

序号	零件名称	零件图	三维模型
10	夹圈	9 R0.5 R3 φ4 8 15 材料: 08AL 料厚: 0.6 mm	
11	托架	R1.5 R1.5 20 25 4×φ5 φ10 30 15 4×R2 36 46 材料: 08AL 料厚: 1.5 mm	
12	端盖	φ76.86 φ67 R0.5 R0.5 6 φ60 材料: 08AL 料厚: 1 mm	
13	焊片	2 R0.5 φ6 φ10 8 φ4 21 材料: H62 料厚: 0.8 mm	
14	轴碗	$41^{+0.1}_{0}$ R3 R0.5 8.5 13.5 $30^{0}_{-0.43}$ 材料: 20号钢 料厚: 1.5 mm	

序号	零件名称	零件图	三维模型
15	保持架	12×φ4均布 φ30 $\phi 38.4_{-0.17}^{0}$ $\phi 20.8_{0}^{+0.15}$ 4 R0.3 材料：08号钢 料厚：0.3 mm	
16	外壳	2×φ6.5 φ20 φ80 60 102±0.25 R2 R2 30 材料：08号钢 料厚：2 mm	
17	桶盖	φ86 23 R3 R3 R1.5 13 5 φ26 φ50 材料：10号钢 料厚：1.2 mm	
18	灯圈	φ78.4 8.7 R1 R0.5 7 3×φ3.5 φ86.4 φ66 2 30° 30° 2×R5 36°	

续表

序号	零件名称	零件图	三维模型
19	遮光罩		
20	灯泡座		

附录 G

"冲压工艺与模具设计" 课程项目化教学指南

1. 课程定位

本课程是模具设计与制造等专业开设的一门主干专业课，涉及冲压变形的基本原理、冲压件的工艺性、典型模具的结构特点、冲压工艺设计的主要内容与步骤、模具装配图与零件图的绘制方法与步骤等专业知识。本课程实践性很强，对学生今后从事成形工艺设计、模具设计、模具制造等职业技能工作，将起到十分重要的作用。

本课程采用项目教学模式，实现"教、学、做"合一，强调理论联系实际，加强学生实践技能及创新能力的培养。

2. 学习目标

通过本课程的学习，学生能够掌握冲压工艺与模具设计的基本知识，熟悉冲压工艺与模具设计的流程，学会冲压工艺与模具设计的方法、手段，具备独立、熟练利用计算机辅助设计软件完成中等复杂冲压工艺与模具设计任务的能力。

3. 教学内容、建议及课时分配

项目名称	内容重点	建议学时	备注
1. 连接片落料模具设计	重点掌握冲裁模具刃口尺寸的计算、排样设计、冲裁模结构设计	28	入门介绍，内容较多，重点较多
2. 支架落料、冲孔复合模具设计		20	
3. 压簧夹片弯曲模具设计	重点掌握弯曲中性层的概念、弯曲工艺计算及设计、弯曲模具结构设计，同时注重弯曲回弹的引入	18	小部分内容与连接片落料模具设计重复
4. 桶盖落料、拉深复合模具设计	重点掌握拉深系数及拉深次数的概念、拉深工艺参数的设计计算、拉深模具结构设计，同时注重拉深起皱与破裂的引入	22	难点较多
5. 垫环翻孔模具设计	重点掌握翻边系数的概念、翻边工艺计算、翻边模结构设计，同时注重其他成形工艺的引入	16	难点较多
6. 外壳冲压工艺规程的编制	重点掌握制订冲压工艺规程的内容及步骤，合理填写冲压工艺卡	16	综合项目，小部分内容与前面的项目重复
合　计	注：实际教学中，可根据情况增减项目及课时	120	

在教学过程中，应努力模拟企业的工作氛围，激发学生的职业角色意识，使其从纯粹学习者的角色转向学习者和工作者统一的角色，实现"教、学、做"一体化。

为方便教学，可分成几个学习小组；组内每个学生的项目载体相同，尺寸参数可以有所不同。

实施每个项目前，首先应让学生进行模具拆装、参观加工流程，对模具的结构、工作原理、工艺过程等有一定的感性认识后，再进行冲压工艺及模具设计项目内容的教学。

项目实施中，充分调动和发挥学生学习的主动性，按照模具设计的工作顺序有条不紊地进行展开，将工作过程和教学过程有机结合。

4. 成绩考核

课程采用项目教学后，成绩的考核可以采用过程与考试相结合的方式。可设计项目测评环节，根据项目的内容设计考核表，通过累加方式得出过程性考核成绩。课程学习结束，进行一次终结考试，目的是考核学生灵活运用知识解决实践问题的能力。过程考核占80%，期末考试占20%，最后得出学生的综合成绩。

注重对学生动手能力和在实践中分析问题、解决问题能力的考核，对在理论学习和实训上有创新的学生给予特别加分。

参 考 文 献

[1] 张荣清．模具设计与制造．2版．北京：高等教育出版社，2008.

[2] 刘建超，张宝忠．冲压模具设计与制造．北京：高等教育出版社，2010.

[3] 成虹．冲压工艺与模具设计．北京：高等教育出版社，2002.

[4] 袁小江，刘进明．冲压模具设计项目教程．北京：机械工业出版社，2012.

[5] 朱光力．模具设计与制造实训．北京：高等教育出版社，2004.

[6] 杨关全，熊良猛．冷冲模设计资料与指导．大连：大连理工大学出版社，2007.

[7] 肖亚慧．模具工工作手册．北京：化学工业出版社，2007.

[8] 闫文平．模具工识图．北京：化学工业出版社，2007.

[9] 王孝培．冲压手册．2版．北京：机械工业出版社，1990.

[10] 丁松聚．冷冲模设计．北京：机械工业出版社，1994.

[11] 李天佑．冲模图册．北京：机械工业出版社，1988.

[12] 杨占尧．冲压模具图册．北京：高等教育出版社，2004.

[13] 韩森和．冷冲压工艺及模具设计与制造．北京：高等教育出版社，2006.

[14] 冲模设计手册编写组．冲模设计手册．北京：机械工业出版社，1988.